W0201596

Zahlenreise 3

Mathematik für die 3. Schulstufe

Ferienheft

Catherine Salomon
Jutta Schabhüttl

Illustrationen: Alena Schulz

VERITAS

www.veritas.at

Inhaltsverzeichnis/Themenübersicht

© VERITAS-VERLAG, Linz
Alle Rechte vorbehalten, insbesondere das Recht der Verbreitung (auch durch Film, Fernsehen, Internet, fotomechanische Wiedergabe, Bild-, Ton- und Datenträger jeder Art) oder der auszugsweise Nachdruck

2. Auflage (2010) – Entspricht der Rechtschreibreform 2006.
Gedruckt in Österreich
Lektorat: Andreas Schneider
Herstellung, Layout und Umschlaggestaltung: Agnes Weitzhofer
Umschlagbild: Alena Schulz
Satz, Montage, Offsetreproduktion: satz@wolkerstorfer.at
Druck, Bindung: Grasl Druck & Neue Medien, Bad Vöslau

ISBN 978-3-7058-8399-4

Liebe Schülerin, lieber Schüler!

In diesem Ferienheft findest du viele Rechnungen und Aufgaben, die dich bestens auf den Mathematikunterricht in der 4. Klasse vorbereiten. Wir raten dir, gleich am Ferienbeginn eine Einteilung zu wählen, damit du am Ende der Ferien nicht so viel zu tun hast.

Hier sind 2 Einteilungsvorschläge für dich:

1. Du löst 8 Wochen lang täglich eine Seite.
   Am Samstag und am Sonntag hast du „mathefrei".
   Wenn du diese Einteilung wählst, achte auf diesen Hinweis:

2. Woche – 3.Tag	Addition, Gewichtsmaße	8. Tag

2. Du suchst dir 40 Ferientage als „Lerntage" aus.
   Wenn du diese Einteilung wählst, achte auf diesen Hinweis:

2. Woche – 3.Tag	Addition, Gewichtsmaße	8. Tag

Für jede Seite gibt es einen Puzzleteil auf der Seite 43.
Wenn du eine Seite erledigt hast, darfst du einen Puzzleteil ausschneiden und auf den Puzzleplan (Seite 41) kleben. So entsteht nach und nach ein buntes Bild.

Du wirst sehen: Die tägliche „Matheportion" ist im Nu geschafft – und etwas Rätselspaß ist auch dabei. Wenn es einmal Schwierigkeiten gibt, frag deine Eltern, die haben das Lösungsheft und wissen sicher weiter.

Viel Spaß beim Arbeiten und viel Erfolg in der 4. Klasse wünschen
Catherine und Jutta

Liebe Eltern!

Mit diesem Ferienheft kann Ihr Kind selbstständig den gesamten Stoff der 3. Klasse VS wiederholen und wird damit gut auf die 4. Klasse vorbereitet.

Das Lösungsheft (in der Mitte, zum Herausnehmen) hilft Ihnen, die erarbeiteten Seiten zu kontrollieren.

Liebe Grüße,
Catherine Salomon und Jutta Schabhüttl

1. Woche – 1.Tag Orientierung im Zahlenraum bis 1000; Körper 1. Tag

1. Rechne im Kopf! 2 Rechnungen haben immer das gleiche Ergebnis. Mal sie in derselben Farbe an! 2 Lösungen bleiben übrig.

410 + 260 · 760 − 480 · 970 − 380 · 380 + 290 · 240 + 190 · 160 + 270 · 920 − 640 · 860 − 270

430 · 670 · 660 · 280 · 430 · 590 · 670 · 260 · 590 · 280

2. Rätsel: Welche Zahlen fehlen?

120 → 240 → ___ → ___ → 600 → ___ → ___ → 960

3. Wie heißen diese geometrischen Formen?

4. Emil kauft in einer Bäckerei 10 Semmeln um 2 € 80 c, 1 Laib Brot um 2 € 40 c, ein Brezel um 1 € 40 c und Torte um 4 € 60 c. Wie viel muss er bezahlen? Runde das Ergebnis auf einen ganzen Eurobetrag!

Antwort: ___

1

(1.) Rechne im Kopf! 2 Rechnungen haben immer das gleiche Ergebnis. Male sie in derselben Farbe an! 2 Lösungen bleiben übrig.

(2.) Rätsel: Welche Zahlen fehlen?

120 → 240 → ____ → ____ → 600 → ____ → ____ → 960

(3.) Wie heißen diese geometrischen Formen?

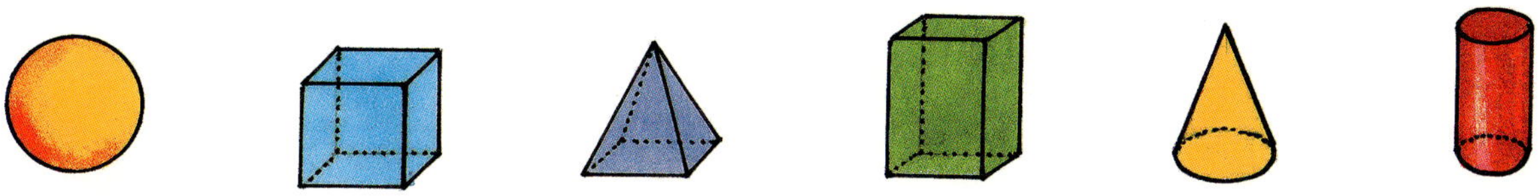

____ ____ ____ ____ ____ ____

(4.) Emil kauft in einer Bäckerei 10 Semmeln um 2 € 80 c, 1 Laib Brot um 2 € 40 c, ein Brezel um 1 € 40 c und Torte um 4 € 60 c. Wie viel muss er bezahlen? Runde das Ergebnis auf einen ganzen Eurobetrag!

Antwort: ______________________

____

____

1. In jedem Sparschwein sollen 1 000 € sein.
Schreib die fehlenden Geldbeträge auf!

2. Rätsel: Zahlensuchsel
Finde waagrecht und senkrecht
folgende Zahlen:
840, 920, 550, 440,
110, 670, 310, 290,
730, 580

5	7	8	4	0	2	1	4	7	6
1	3	4	6	8	4	3	6	8	3
9	6	2	1	7	9	2	0	7	1
1	7	5	3	7	2	1	3	2	0
8	0	6	4	5	8	9	6	1	5
9	9	1	6	5	2	9	2	7	4
2	5	1	8	0	7	3	5	8	0
4	9	0	4	9	5	6	3	9	2
4	2	3	2	1	2	9	0	1	4
0	6	7	3	0	4	8	4	9	7

3. Zeichne das Würfelnetz fertig!
Trage dann die richtige Augenzahl ein!

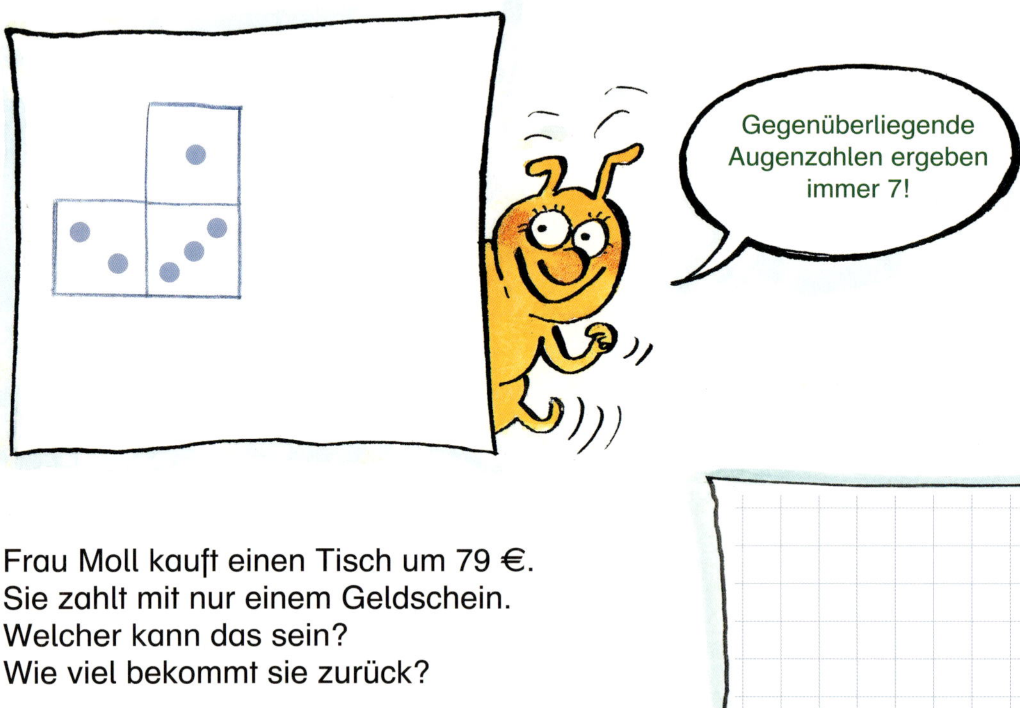

4. Frau Moll kauft einen Tisch um 79 €.
Sie zahlt mit nur einem Geldschein.
Welcher kann das sein?
Wie viel bekommt sie zurück?

A.: ______________________________
____
____

1. Ergänze auf 1 000! Male die Ergebnisse im Bild an – eines bleibt übrig!

6 H 4 Z + ________ = 1 T 3 H 8 Z + ________ = 1 T

2 H 9 Z + ________ = 1 T 9 H 3 Z + ________ = 1 T

8 H 1 Z + ________ = 1 T 4 H 7 Z + ________ = 1 T

2. Rätsel: Verändere die Position eines Streichholzes und stelle so die Rechnung richtig!

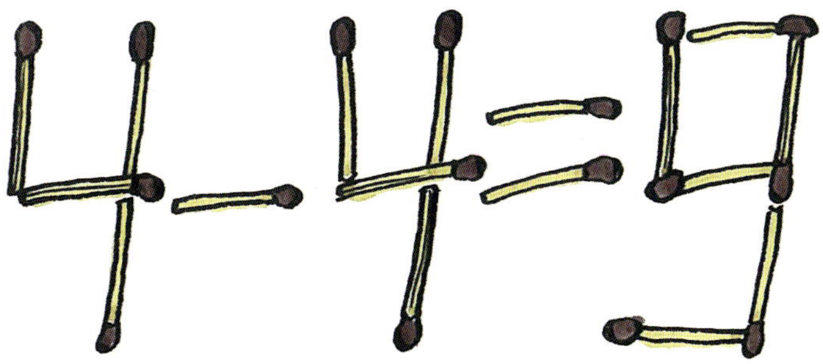

3. Aus wie vielen Würfeln bestehen diese Figuren?

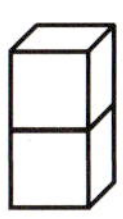 ______

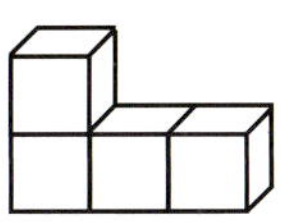 ______

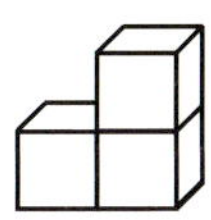 ______

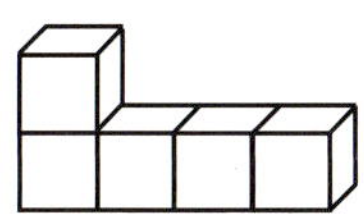 ______

4. Bei einer Feier wurden 650 Gläser verwendet. 170 davon wurden zerbrochen. Wie viele Gläser blieben ganz?

A.: ________________________________

____

(1.) Rechne im Kopf: Immer minus 140!

(2.) Rätsel:
3 mal 3 Papageien fressen 6 mal 6 Nüsse.
Wie viele Nüsse frisst jeder Papagei?

Antwort: ______________________________

(3.) Aus welchen Figuren wird ein Würfel? Hake sie an!

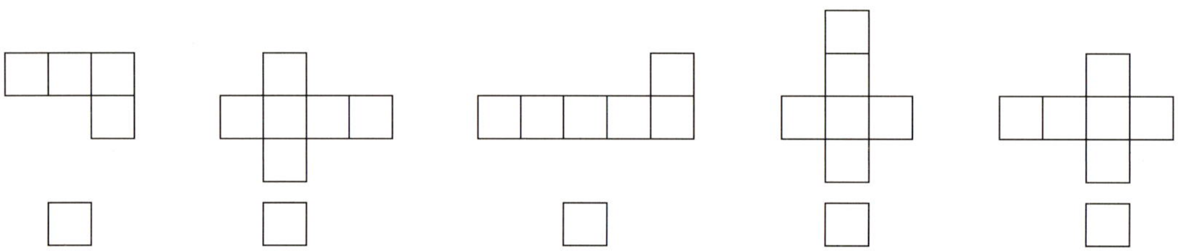

(4.) Alex hat sich verrechnet! Wie heißt das richtige Ergebnis?

$4 \cdot 4 + 3 \cdot 2 + 8 \cdot 7 - 2 \cdot 9 - 5 \cdot 5 - 3 \cdot 6 =$

A.: ______________________________

____

(1.) Rechne im Kopf! Male die Ergebnisse an! 3 Ergebnisse bleiben übrig.

630 + 280 = ______
470 + 340 = ______
290 + 630 = ______
180 + 760 = ______

1000 – 420 = ______
970 – 290 = ______
420 – 140 = ______
630 – 360 = ______

(2.) Rätsel: Sudoku
Jede Zahl (1–4) darf in jeder Reihe, Spalte und in jedem Block nur einmal vorkommen!

3			
		4	
			1
	2		

(3.) Wie viele Flächen, Ecken und Kanten haben diese Körper?

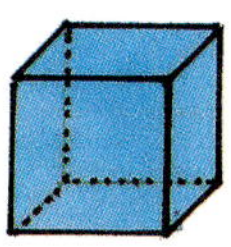

Würfel
______ Flächen
______ Ecken
______ Kanten

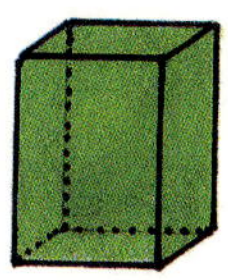

Quader
______ Flächen
______ Ecken
______ Kanten

Zylinder
______ Flächen
______ Kanten

(4.) Verdopple 240 und zähle 330 dazu!
Wie viel fehlt auf 1 000?

A.: ______________________________
____

1. Rechenmauern

2. Verbinde die Zahlen der Reihe nach, indem du immer plus 16 rechnest. Starte bei 1!

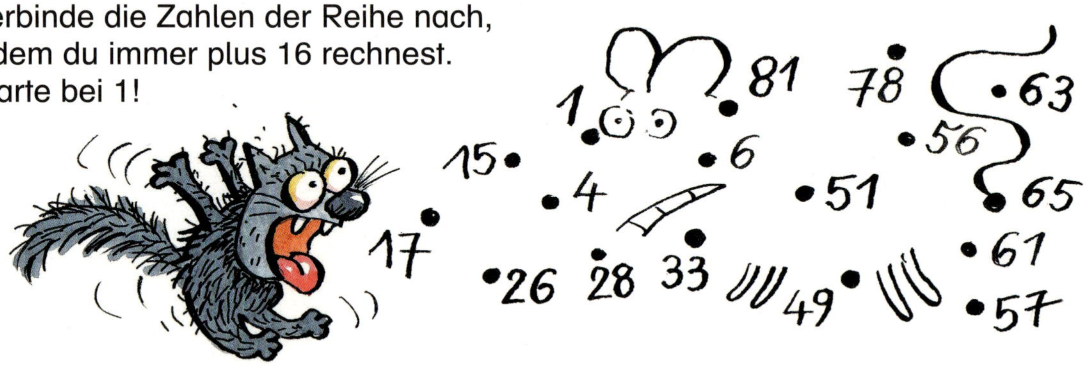

3. Wandle folgende Maße um!

3 kg = ________ dag
1 kg = ________
8 kg 20 dag = ________
5 kg 87 dag = ________
7 kg 7 dag = ________

220 dag = ______ kg ______ dag
580 dag = ________
319 dag = ________
703 dag = ________
440 dag = ________

4. Tim kauft in der Feinkostabteilung 25 dag Käse und 385 g Wurst. Die Verkäuferin gibt alles in ein Sackerl. Wie viel wiegt der Inhalt des Sackerls?

A.: ________________________________

____

1. Addiere und male die Ergebniszahlen an! Zwei Zahlen bleiben übrig!

35	87	56	92	71
27	31	42	54	68
138	409	346	164	239
86	273	590	836	657

2. Logische Zahlenreihe: Für welche Zahl steht das Fragezeichen?

____

3. Wandle folgende Maße um!

70 dag = ______ g
93 dag = ______
5 dag = ______
72 dag = ______
86 dag = ______

318 g = ______ dag ______ g
240 g = ______
703 g = ______
690 g = ______
572 g = ______

4. Bäcker Heinz hat ein Riesenbrot gebacken. Es wiegt 5 kg 20 dag. Davon schneidet er für seine Mutter 1 kg 30 dag und für seinen Nachbarn 2 kg ab.
Wie viel Brot bleibt Heinz übrig?
Wandle um!

A.: ______________________________
____

(1.) Schreib die Zahlen untereinander auf und addiere!

(2.) Male folgendes Muster symmetrisch!
Ein Spiegel kann dir dabei helfen.

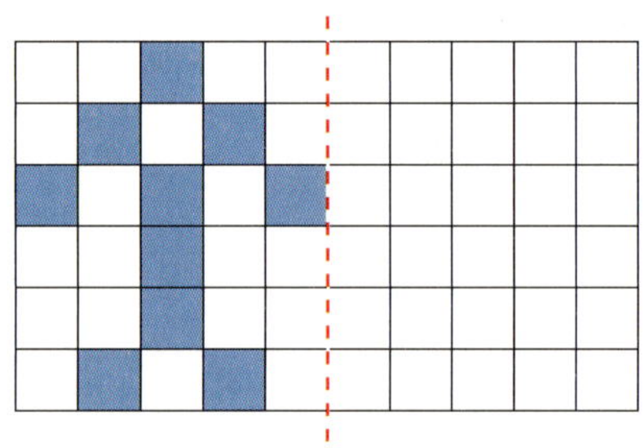

(3.) a) Wandle um!

968 dag = ____ kg ____ dag ____ g

415 g = ______________________

393 dag = ______________________

205 g = ______________________

b) Rechne!

430 g + ________ = 1 kg

878 g + ________ = 1 kg

1 kg – 220 g = ________ g

1 kg – 994 g = ________ g

(4.) Sophie kauft im Sonderangebot 6 Becher Jogurt. Ein Becher wiegt 125 g.
Wie schwer sind alle zusammen? Wandle um!

A.: ______________________________

____

1. Addiere und male die Ergebniszahlen der ersten Reihe (blau) und der zweiten Reihe (rot) an!

123	370	206	93	254
408	531	790	39	128
71	637	804	208	132
106	25	190	292	457

2. Sudoku: Jede Zahl (1–4) darf in jeder Reihe, Spalte und jedem Block nur einmal vorkommen!

3			
		1	
	2		1
			4

3. a) Wandle in das jeweils kleinste Maß um!

	kg	dag	dag	g		
3 dag 1 g →			3	1	=	______ g
80 dag 4 g →					=	______
1 kg 3 dag →					=	______
14 dag 8 g →					=	______
20 dag 7 g →					=	______

b) Wandle um!

t	kg	kg	kg

8 t = ______ kg

3 t = ______ kg

2000 kg = ______ t

4. Frau Gruber kocht für ihre Freundinnen Spagetti. Von der 1-kg-Packung verwendet sie 734 g.
Wie viel dag und g Spagetti bleiben übrig?

A.: ____________________________________

____

1. Ergänze die fehlenden Zahlen!

_ 4 1	1 _ 9	8 _	_ 7 0	2 _ 8	4 0 7
3 _ 7	4 4 4	_ 0 2	1 8 _	7 1 1	_ _ _
5 6 _	5 5 _	9 _ 9	8 _ 3	_ 9 _	7 9 0

2. Setze die fehlenden Zahlen so ein, dass in jeder Längs-, Quer- und Eckreihe des Quadrates 42 herauskommt.

	17	
19	14	
		18

3. a) Wandle um!

5 kg = ________ dag
27 dag 3 g = ________ g
90 dag 1 g = ________ g
1 kg 3 dag = ________ dag
8 kg 57 dag = ________ dag

250 g = ________
731 dag = ________
1000 kg = ________
803 dag = ________
47 g = ________

b) Rechne!

326 g + ________ = 1 kg 1 kg – 93 g = ________ 405 kg + ________ = 1 t

4. Julian hat 3 Meerschweinchen mit den Namen Bruno, Lina und Benni. Bruno wiegt 35 dag, Lina um 7 g weniger als Bruno und Benni um 12 g mehr als Lina. Wie viel wiegen Lina und Benni? Wandle um!

A.: ______________________________

____

____

1.) Schreib die beiden Zahlen aus einem Luftballon untereinander und subtrahiere!
2 Ergebnisse sind immer gleich! Male die beiden Ballons in derselben Farbe an!

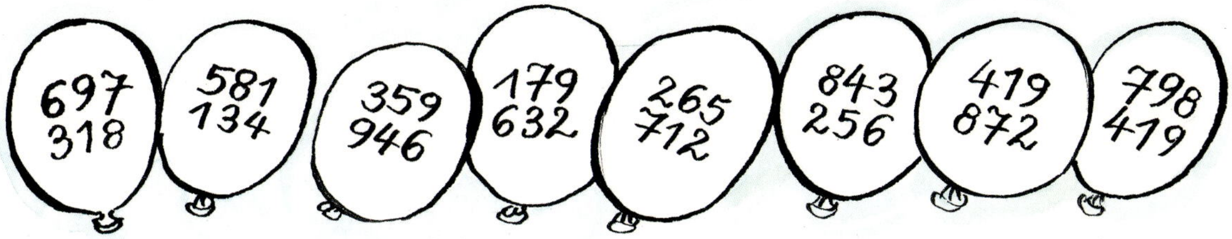

2.) Rätsel: Finde die 6 versteckten Wörter!

A	S	O	M	M	E	R	S	O	T	I	F
R	I	S	L	I	A	M	B	S	R	X	A
W	Z	Q	E	K	P	L	R	A	T	G	J
S	O	A	U	C	I	E	X	N	O	C	S
E	M	S	A	L	Z	D	H	D	B	H	U
G	I	L	T	S	E	M	J	H	G	E	P
E	F	K	V	S	O	N	N	E	M	C	P
L	Y	U	S	P	N	I	F	D	I	S	E

3.) Zeichne mit dem Geo-Dreieck eine Gerade, die die gegebene Gerade schneidet!

a) b) c) d) e) f)

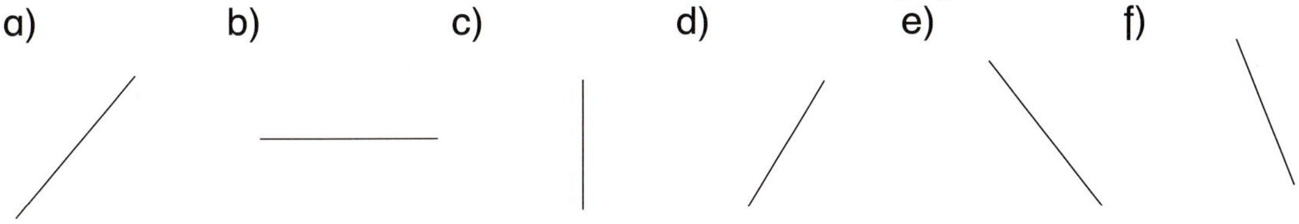

4.) Niki denkt an eine Zahl.
Er subtrahiert von dieser Zahl 139 und erhält 72.

a) An welche Zahl denkt Niki?
b) Durch welche Zahl muss man 72 dividieren, um das Ergebnis 9 zu bekommen?

A.: ______________________________

(1.) Subtrahiere und male die Ergebniszahlen an (1 Zahl bleibt übrig)!

(2.) Hilf Waupi dabei, den Weg zu seinem Eis zu finden!

(3.) Ziehe parallele Geraden mit der gleichen Farbe nach!

a) b) c)

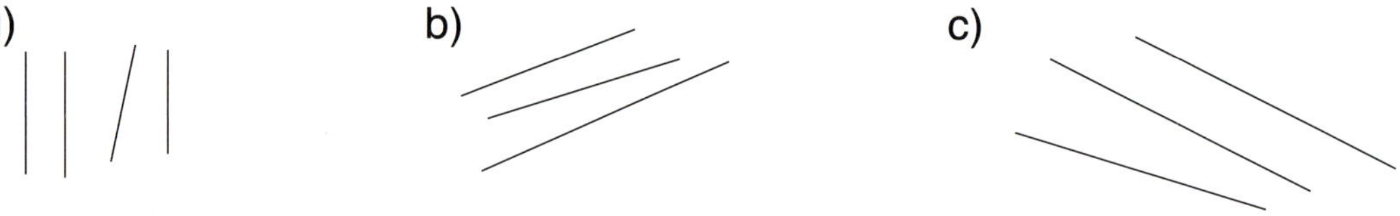

Wie viele Geraden hast du nachgezogen? ________

(4.) Für ein Konzert sind von 1 000 Karten am Montag 227 und am Dienstag 430 Karten verkauft worden. Wie viele Karten können am Mittwoch noch verkauft werden?

A.: ______________________________

____

____

(1.) Subtrahiere von 1 000! Rechne auf einem Zettel die Probe und überprüfe deine Ergebnisse!

(2.) Rätsel: Kannst du diese Geheimschrift entziffern?

19	21	16	5	18	8	9	18	14

(3.) Kennzeichne alle rechten Winkel mit ⊾!
Verwende dein Geo-Dreieck!

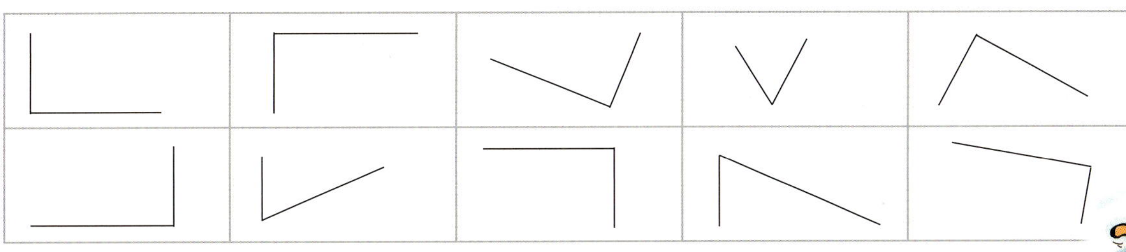

(4.) Zahl gesucht!
Subtrahiere von 232 das Doppelte von 65 und ziehe vom Ergebnis 78 ab! Teile jetzt durch 2! Wie heißt die gesuchte Zahl?

A.: ______________________________

____

1. Bilde Subtraktionen!

2. Rätsel!
Größer oder kleiner?
Setze die Zahlen 2 und 3 richtig in die leeren Kästchen ein!

	<		<	4	=	4
∧		∨		∨		∨
3	>		=		<	

3. Kennzeichne die rechten Winkel mit ⊾!
Wie viele sind es?

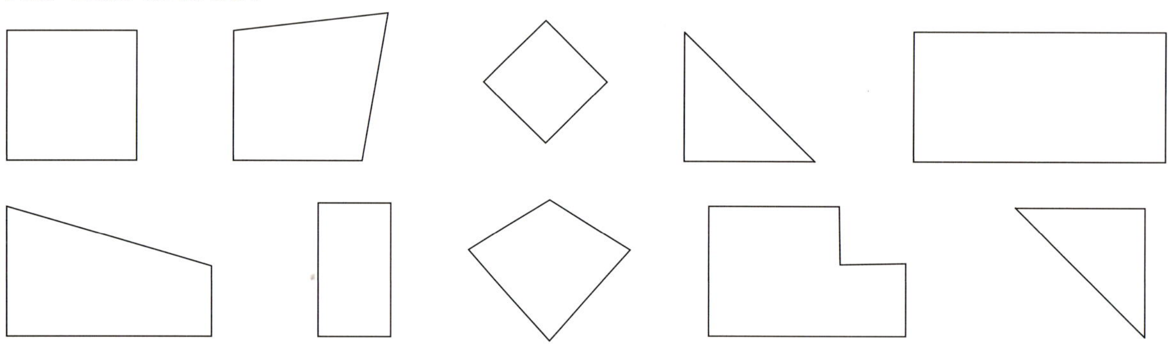

A.: Es sind _____ rechte Winkel.

4. Markus möchte einen Computer kaufen.
Er hat 750 € gespart. Der Computer kostet aber 999 €.
Wie viel Geld fehlt Markus?

A.: ________________________________

____

① Finde die fehlenden Zahlen!

```
  8 4 3       7 6 □
- 4 □ □     - □ □ 2
  □ 8 6       3 7 9

  5 0 □       8 9 2
- □ □ 5     - 6 □ □
  2 8 8       □ 4 8
```

```
  2 1 8       4 6 5
- □ □ □     - 1 □ □
  1 0 9       □ 3 7

  6 5 3       9 3 2
- 2 □ □     - □ □ □
  □ 5 7       3 6 8
```

② Rätsel: Sudoku

		1			5
3		5			
				6	1
	4			2	
			1		
5			2		3

③ Zeichne Strecken in folgenden Längen: 2 cm ✓; 4 cm; 1 cm; 5 cm; 3 cm; 6 cm

④ Johannes kauft 3 Bücher. Er bezahlt mit einem 100-€-Schein. Wie viel Geld bekommt er zurück?

A.: ______________________________

____

1. a) Setze >, < oder = ein!

$2 \cdot 20$ ◯ $1 \cdot 40$ | $10 \cdot 30$ ◯ $4 \cdot 60$ | $6 \cdot 90$ ◯ $8 \cdot 70$

$3 \cdot 50$ ◯ $5 \cdot 20$ | $9 \cdot 70$ ◯ $7 \cdot 80$ | $2 \cdot 60$ ◯ $3 \cdot 40$

b) Versuche die Rechnungen zu lösen!

$7 \cdot 5 + 3 \cdot 40 =$ ______ | $6 \cdot 50 - 7 \cdot 8 =$ ______

$0 \cdot 9 + 6 \cdot 90 =$ ______ | $5 \cdot 30 - 3 \cdot 7 =$ ______

$3 \cdot 8 + 5 \cdot 70 =$ ______ | $1 \cdot 60 - 4 \cdot 9 =$ ______

$4 \cdot 7 + 8 \cdot 30 =$ ______ | $9 \cdot 70 - 6 \cdot 5 =$ ______

2. Verbinde die Ergebniszahlen der 7er-Reihe der Reihe nach!

3. Lies die Uhr genau! Trage beide möglichen Uhrzeiten ein!

2.15 Uhr ______ ______ ______ ______

14.15 Uhr ______ ______ ______ ______

4. Julian hat zum Geburtstag 5 Taschenbücher mit jeweils 179 Seiten bekommen. 3 Bücher hat er schon gelesen.

a) Wie viele Seiten hat er bis jetzt gelesen?

b) Wie viele Seiten kann er noch lesen?

A. a): ______________________

____

A. b): ______________________

____

1. Multipliziere und ordne die Ergebnisse der Größe nach! Beginne mit dem kleinsten!

108 · 4	240 · 3	86 · 7	139 · 6
______ F	______ U	______ L	______ G
307 · 3	423 · 2	333 · 3	240 · 4
______ E	______ Z	______ G	______ U

Lösungswort: __ __ __ __ __ __ __ __

2. Rätsel: Meine Zahl ist größer als 3 · 4 und kleiner als 6 · 3. Meine Zahl kommt in der 5er-Reihe vor. Wie heißt sie?

______

3. a) Wie viele Minuten fehlen auf eine Stunde?

20 min + ______ min = 1 h
35 min + ______ = 1 h
8 min + ______ = 1 h
19 min + ______ = 1 h

b) Subtrahiere von einer Stunde!

1 h – 39 min = ______ min
1 h – 3 min = ______
1 h – 27 min = ______
1 h – 13 min = ______

4. Susi fährt täglich mit dem Bus in die Schule. Für die Hin- und Rückfahrt benötigt sie insgesamt 38 Minuten. Wie viele Stunden und Minuten verbringt sie pro Schulwoche im Bus?

A.: ______________________________

____

① Rechne und male die Ergebniszahlen an! Eine Zahl bleibt übrig!

484 · 2 ______ 153 · 3 ______ 101 · 5 ______ 400 · 2 ______

308 · 3 ______ 107 · 8 ______ 219 · 3 ______ 11 · 3 ______

② Verbinde die Ergebniszahlen der 8er-Reihe der Reihe nach!

③ Zeichne die fehlenden Uhrzeiger ein! Trage darunter die zweite Zeitangabe ein!

3.30 Uhr ______ 17.45 Uhr ______ 8.05 Uhr ______ 22.15 Uhr ______ 1.55 Uhr ______

④ Milena und Jonas müssen ihr Kinderzimmer aufräumen.
Beide beginnen am Nachmittag zur selben Zeit.

Beginn: ______

Milena ist um drei viertel sechs fertig.

Hier eintragen ⟶

Wie viele Minuten benötigt Milena? A.: ______

Jonas ist 10 Minuten vor sechs fertig.

Hier eintragen ⟶

Wie viele Minuten benötigt Jonas? A.: ______

1. Multipliziere und zähle die Ziffern der Ergebnisse zusammen!
Male das jeweilige Kästchen mit der passenden Ziffernsumme an!
Die Ziffernsumme zählt nicht zum kleinsten Ergebnis.

328 · 3 ______ 412 · 2 ______ 209 · 4 ______

137 · 7 ______ 257 · 3 ______ 189 · 5 ______

2. Rätsel
3 mal 3 Kühe gehen vor 2 mal 2 Kühen,
die 4 mal 4 Kühen folgen.
Wie viele Kühe sind es?

A.: Es sind ______ Kühe.

3. a) Ergänze!

21 s + ______ s = 1 min
7 s + ______ s = 1 min
31 s + ______ s = 1 min
♛ 49 s + ______ s = 2 min
♛ 14 s + ______ s = 2 min

b) Subtrahiere!

1 min – 15 s = ______ s
1 min – 38 s = ______ s
1 min – 8 s = ______ s
♛ 2 min – 56 s = ______ s
♛ 2 min – 24 s = ______ s

4. Nico kauft für seine Geburtstagsparty
2 Flummis, 5 Jo-Jos und 3 Pfeiferl.
Wie viel € und c benötigt er?

Preisliste

1 Flummi	80 c
1 Jo-Jo..................................	90 c
1 Pfeiferl...........................	1,10 €

A.: ______________________________________

____

(1.) Multipliziere und male das Ergebnis in der angegebenen Farbe an!

$429 \cdot 2$ $218 \cdot 4$ $57 \cdot 8$ $139 \cdot 5$

$306 \cdot 3$ $108 \cdot 7$ $95 \cdot 6$ $500 \cdot 2$

(2.) Verbinde die Ergebniszahlen der 6er-Reihe der Reihe nach!

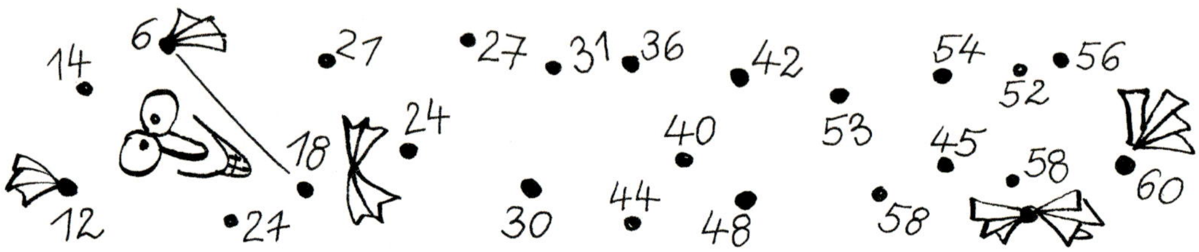

(3.) a)

b) Ergänze oder subtrahiere!

55 s + ________ = 1 min   52 min + ________ = 1 h

1 h – 24 min = ________   39 s + ________ = 1 min

2 min – 38 s = ________   2 h – 56 min = ________

c) Wie viele Sekunden sind vergangen?

________   ________

(4.) Johanna ist 2 Jahre und 3 Monate alt.
Tobias ist um 16 Monate jünger als
Johanna und Emma um 1 Jahr und
8 Monate älter als Tobias.
Wie alt sind Tobias und Emma?

A.: ________________________________

____

3. KLASSE / MATHEMATIK

Zahlenreise 3

Ferienheft Lösungen

Catherine Salomon • Jutta Schabhüttl

VERITAS

Liebe Eltern!

Mit diesem Ferienheft kann ihr Kind selbstständig den gesamten Stoff der 3. Klasse Volksschule wiederholen. Damit ist gewährleistet, dass es bestens auf den Mathematikunterricht in der 4. Klasse vorbereitet wird – besonders wichtig für die weitere Schullaufbahn Ihres Kindes!

Dieses Lösungsheft hilft Ihnen, die täglich erarbeitete Seite rasch zu kontrollieren.

Liebe Grüße,

Catherine Salomon und Jutta Schabhüttl

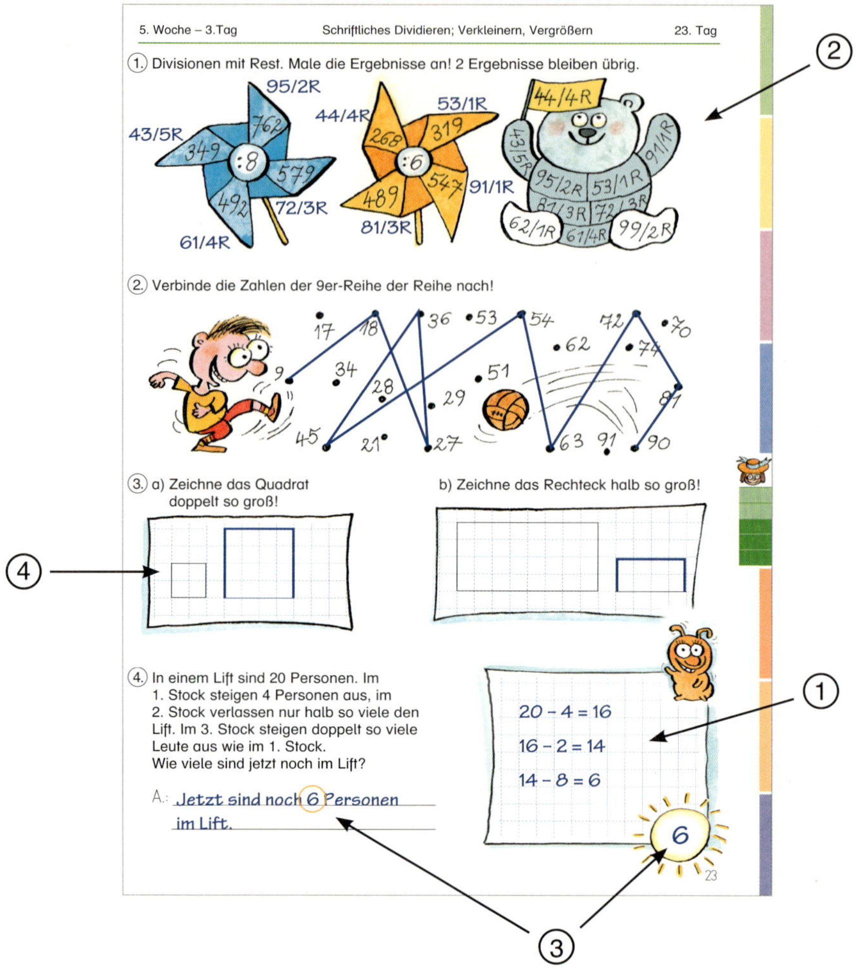

Hinweise zum Lösungsheft

① Alle Lösungen sind hier mit blauer Schrift eingetragen.

② Die Zeichnungen zur Selbstkontrolle sind im Lösungsheft dann „angemalt“, wenn (so wie hier) ein Teil übrigbleiben soll.

③ Das kleinste Ergebnis der jeweiligen Seite ist in die „Sonne“ eingetragen. Es ist auch auf der Übungsseite gelb eingeringelt. Ihr Kind braucht diese Zahl, um das Rätsel auf S. 40 zu lösen.

④ Auch zeichnerische Lösungen sind blau eingetragen.

Bitte beachten Sie:

- Aus Platzgründen können manchmal nicht alle Aufgaben direkt im Ferienheft gelöst werden. Ihr Kind braucht einen Block oder ein Heft, um vor allem schriftliche Rechnungen zu lösen. Die Lösungen kann es dann ins *Zahlenreise 3. Ferienheft* eintragen.
- Bei manchen Aufgaben gibt es mehrere richtige Lösungen z. B. bei der Geometrieaufgabe auf S. 11. Hier ist nur jeweils eine Lösungsmöglichkeit eingetragen.

1. Rechne im Kopf! 2 Rechnungen haben immer das gleiche Ergebnis. Male sie in derselben Farbe an! 2 Lösungen bleiben übrig.

2. Rätsel: Welche Zahlen fehlen?

120 → 240 → 360 → 480 → 600 → 720 → 840 → 960

3. Wie heißen diese geometrischen Formen?

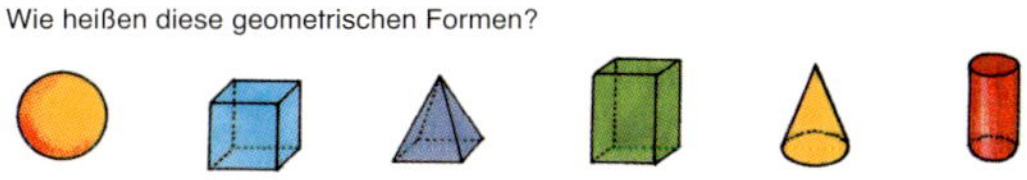

Kugel Würfel Pyramide Quader Kegel Zylinder

4. Emil kauft in einer Bäckerei 10 Semmeln um 2 € 80 c, 1 Laib Brot um 2 € 40 c, ein Brezel um 1 € 40 c und Torte um 4 € 60 c. Wie viel muss er bezahlen?
Runde das Ergebnis auf einen ganzen Eurobetrag!

Antwort: Emil muss rund 11 Euro bezahlen.

2 € 80 c + 2 € 40 c +
1 € 40 c + 4 € 60 c =
11 € 20 c
11 € 20 c ≈ 11 €

11

1. In jedem Sparschwein sollen 1 000 € sein.
Schreib die fehlenden Geldbeträge auf!

250 € 440 € 670 € 340 €

2. Rätsel: Zahlensuchsel
Finde waagrecht und senkrecht folgende Zahlen:
840, 920, 550, 440,
110, 670, 310, 290,
730, 580

5	7	8	4	0	2	1	4	7	6
1	3	4	6	8	4	3	6	8	3
9	6	2	1	7	9	2	0	7	1
1	7	5	3	7	2	1	3	2	0
8	0	6	4	5	8	9	6	1	5
9	9	1	6	5	2	9	2	7	4
2	5	1	8	0	7	3	5	8	0
4	9	0	4	9	5	6	3	9	2
4	2	3	2	1	2	9	0	1	4
0	6	7	3	0	4	8	4	9	7

3. Zeichne das Würfelnetz fertig!
Trage dann die richtige Augenzahl ein!

4. Frau Moll kauft einen Tisch um 79 €.
Sie zahlt mit nur einem Geldschein.
Welcher kann das sein?
Wie viel bekommt sie zurück?

A.: Geldschein: 100 €
Sie bekommt 21 € zurück.

100 €
– 79 €
21 €

21

1. Ergänze auf 1 000! Male die Ergebnisse im Bild an – eines bleibt übrig!

6H 4Z + 360 = 1T 3H 8Z + 620 = 1T
2H 9Z + 710 = 1T 9H 3Z + 70 = 1T
8H 1Z + 190 = 1T 4H 7Z + 530 = 1T

2. Rätsel: Verändere die Position eines Streichholzes und stelle so die Rechnung richtig!

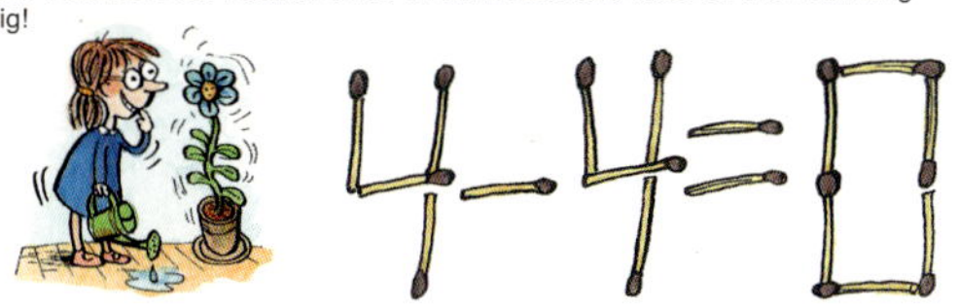

3. Aus wie vielen Würfeln bestehen diese Figuren?

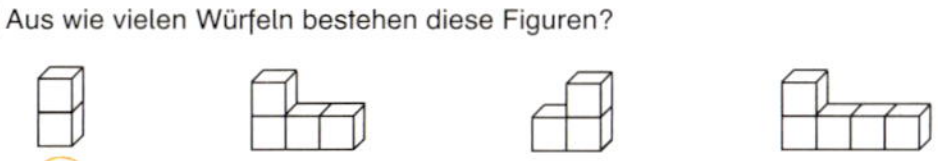

2 4 3 5

4. Bei einer Feier wurden 650 Gläser verwendet. 170 davon wurden zerbrochen.
Wie viele Gläser blieben ganz?

A.: Es bleiben 480 Gläser ganz.

650 €
– 170 €
480 €

2

1. Rechne im Kopf: Immer minus 140!

2. Rätsel:
3 mal 3 Papageien fressen 6 mal 6 Nüsse.
Wie viele Nüsse frisst jeder Papagei?

Antwort: Jeder Papagei frisst 4 Nüsse.

3. Aus welchen Figuren wird ein Würfel? Hake sie an!

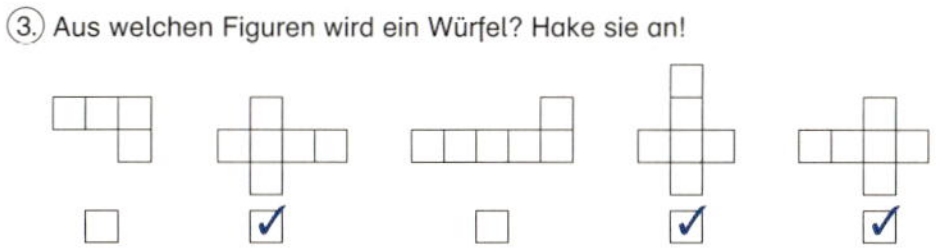

☐ ☑ ☐ ☑ ☑

4. Alex hat sich verrechnet! Wie heißt das richtige Ergebnis?

$4 \cdot 4 + 3 \cdot 2 + 8 \cdot 7 -$
$2 \cdot 9 - 5 \cdot 5 - 3 \cdot 6 =$

A.: Das richtige Ergebnis heißt 17.

$4 \cdot 4 = 16$
$3 \cdot 2 = 6$ $5 \cdot 5 = 25$
$8 \cdot 7 = 56$ $3 \cdot 6 = 18$
$2 \cdot 9 = 18$
$16 + 6 + 56 - 18 - 25 - 18 = 17$

17

1. Rechne im Kopf! Male die Ergebnisse an! 3 Ergebnisse bleiben übrig.

630 + 280 = 910
470 + 340 = 810
290 + 630 = 920
180 + 760 = 940

1000 – 420 = 580
970 – 290 = 680
420 – 140 = 280
630 – 360 = 270

2. Rätsel: Sudoku
Jede Zahl (1–4) darf in jeder Reihe, Spalte und in jedem Block nur einmal vorkommen!

3	4	1	2
2	1	4	3
4	3	2	1
1	2	3	4

3. Wie viele Flächen, Ecken und Kanten haben diese Körper?

Würfel
6 Flächen
8 Ecken
12 Kanten

Quader
6 Flächen
8 Ecken
12 Kanten

Zylinder
3 Flächen
2 Kanten

4. Verdopple 240 und zähle 330 dazu!
Wie viel fehlt auf 1000?

240 · 2
480

480
330
810

1000
– 810
190

A.: Auf 1000 fehlen 190.

2

1. Rechenmauern

2. Verbinde die Zahlen der Reihe nach, indem du immer plus 16 rechnest. Starte bei 1!

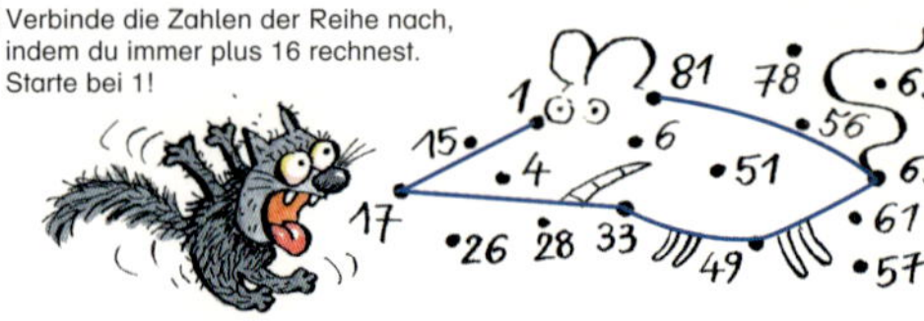

3. Wandle folgende Maße um!

3 kg = 300 dag
1 kg = 100 dag
8 kg 20 dag = 820 dag
5 kg 87 dag = 587 dag
7 kg 7 dag = 707 dag

kg | dag | dag

220 dag = 2 kg 20 dag
580 dag = 5 kg 80 dag
319 dag = 3 kg 19 dag
703 dag = 7 kg 3 dag
440 dag = 4 kg 40 dag

4. Tim kauft in der Feinkostabteilung 25 dag Käse und 385 g Wurst. Die Verkäuferin gibt alles in ein Sackerl. Wie viel wiegt der Inhalt des Sackerls?

Wandle immer in das kleinste Maß um!

250 g
385 g
635 g = 63 dag 5 g

A.: Der Inhalt des Sackerls wiegt 63 dag 5 g.

26

1. Addiere und male die Ergebniszahlen an! Zwei Zahlen bleiben übrig!

35	87	56	92	71
27	31	42	54	68
62	118	98	146	139
138	409	346	164	239
86	273	590	836	657
224	682	936	1000	896

2. Logische Zahlenreihe: Für welche Zahl steht das Fragezeichen?

159

Das Fragezeichen steht für 159.

3. Wandle folgende Maße um!

70 dag = 700 g
93 dag = 930 g
5 dag = 50 g
72 dag = 720 g
86 dag = 860 g

dag | dag | g

318 g = 31 dag 8 g
240 g = 24 dag
703 g = 70 dag 3 g
690 g = 69 dag
572 g = 57 dag 2 g

4. Bäcker Heinz hat ein Riesenbrot gebacken. Es wiegt 5 kg 20 dag. Davon schneidet er für seine Mutter 1 kg 30 dag und für seinen Nachbarn 2 kg ab.
Wie viel Brot bleibt Heinz übrig?
Wandle um!

520 dag
– 130 dag
390 dag

390 dag
– 200 dag
190 dag = 1 kg 90 dag

A.: Es bleiben ihm 1 kg 90 dag Brot übrig.

24

1. Schreib die Zahlen untereinander auf und addiere!

fünfhundertsiebzehn zweihundertacht
neunundzwanzig vierhundertzwei
dreihundertdreizehn siebenundachtzig
einhundertsechsundzwanzig sechshundertfünfundfünfzig
siebenhunderteins neunundsechzig
achthundertzwölf dreiundvierzig

2. Male folgendes Muster symmetrisch!
Ein Spiegel kann dir dabei helfen.

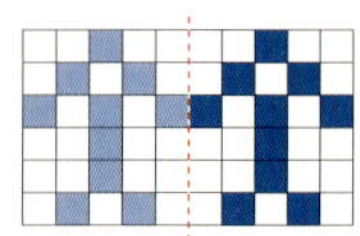

3. a) Wandle um!

968 dag = 9 kg 68 dag 0 g
415 g = 41 dag 5 g
393 dag = 3 kg 93 dag
205 g = 20 dag 5 g

kg | dag | dag | g

b) Rechne!

430 g + 570 g = 1 kg
878 g + 122 g = 1 kg
1 kg – 220 g = 780 g
1 kg – 994 g = 6 g

4. Sophie kauft im Sonderangebot 6 Becher Jogurt. Ein Becher wiegt 125 g.
Wie schwer sind alle zusammen? Wandle um!

125 g · 6
750 g

750 g = 75 dag

A.: Alle zusammen sind 75 dag schwer.

6

1. Addiere und male die Ergebnizahlen der ersten Reihe ■ und der zweiten Reihe ■ an!

123	370	206	93	254
408	531	790	39	128
531	901	996	132	382

71	637	804	208	132
106	25	190	292	457
177	662	994	500	589

2. Sudoku: Jede Zahl (1–4) darf in jeder Reihe, Spalte und jedem Block nur einmal vorkommen!

3	1	4	2
2	4	1	3
4	2	3	1
1	3	2	4

3. a) Wandle in das jeweils kleinste Maß um!

	kg	dag	dag	g		
3 dag 1 g →			3	1	=	31 g
80 dag 4 g →		8	0	4	=	804 g
1 kg 3 dag →	1	0	3		=	103 dag
14 dag 8 g →		1	4	8	=	148 g
20 dag 7 g →		2	0	7	=	207 g

b) Wandle um!

t | kg | kg | kg

8 t = 8000 kg
3 t = 3000 kg
2 000 kg = 2 t

4. Frau Gruber kocht für ihre Freundinnen Spagetti. Von der 1-kg-Packung verwendet sie 734 g.
Wie viel dag und g Spagetti bleiben übrig?

1000 g
− 734 g
266 g

266 g = 26 dag 6 g

A.: Es bleiben 26 dag 6 g Spagetti übrig.

2

1. Ergänze die fehlenden Zahlen!

241	109	87	670	288	407
327	444	902	183	711	383
568	553	989	853	999	790

2. Setze die fehlenden Zahlen so ein, dass in jeder Längs-, Quer- und Eckreihe des Quadrates 42 herauskommt.

10	17	15
19	14	9
13	11	18

3. a) Wandle um!

5 kg = 500 dag
27 dag 3 g = 273 g
90 dag 1 g = 901 g
1 kg 3 dag = 103 dag
8 kg 57 dag = 857 dag

250 g = 25 dag
731 dag = 7 kg 31 dag
1000 kg = 1 t
803 dag = 8 kg 3 dag
47 g = 4 dag 7 g

b) Rechne!

326 g + 674 g = 1 kg   1 kg − 93 g = 907 g   405 kg + 595 kg = 1 t

4. Julian hat 3 Meerschweinchen mit den Namen Bruno, Lina und Benni. Bruno wiegt 35 dag, Lina um 7 g weniger als Bruno und Benni um 12 g mehr als Lina. Wie viel wiegen Lina und Benni? Wandle um!

350 g
− 7 g
343 g = 34 dag 3 g

343 g
12 g
355 g = 35 dag 5 g

A.: Lina wiegt 34 dag 3 g, Benni wiegt 35 dag 5 g.

1

1. Schreib die beiden Zahlen aus einem Luftballon untereinander und subtrahiere!
2 Ergebnisse sind immer gleich! Male die beiden Ballons in derselben Farbe an!

697	581	946	632	712	843	872	798
−318	−134	−359	−179	−265	−256	−419	−419
379	447	587	453	447	587	453	379

2. Rätsel: Finde die 6 versteckten Wörter!

A	S	O	M	M	E	R	S	O	T	I	F
R	I	S	L	I	A	M	B	S	R	X	A
W	Z	Q	E	K	P	L	R	A	T	G	J
S	O	A	U	C	I	E	X	N	O	C	S
E	M	S	A	L	Z	D	H	D	B	H	U
G	I	L	T	S	E	M	J	H	G	E	P
E	F	K	V	S	O	N	N	E	M	C	P
L	Y	U	S	P	N	I	F	D	I	S	E

3. Zeichne mit dem Geo-Dreieck eine Gerade, die die gegebene Gerade schneidet!
a) b) c) d) e) f)

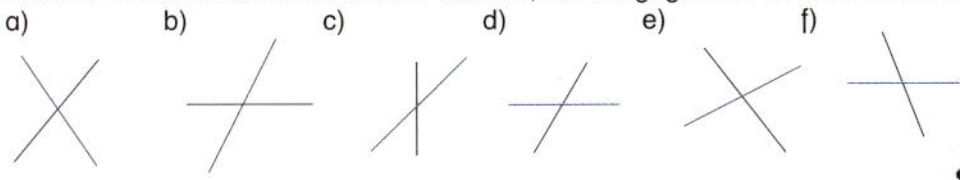

4. Niki denkt an eine Zahl.
Er subtrahiert von dieser Zahl 139 und erhält 72.
a) An welche Zahl denkt Niki?
b) Durch welche Zahl muss man 72 dividieren, um das Ergebnis 9 zu bekommen?

139
72
211

72 : 9 = 8

A.: a) Niki denkt an die Zahl 211.
b) Man muss 72 durch 8 dividieren.

8

1. Subtrahiere und male die Ergebniszahlen an (1 Zahl bleibt übrig)!

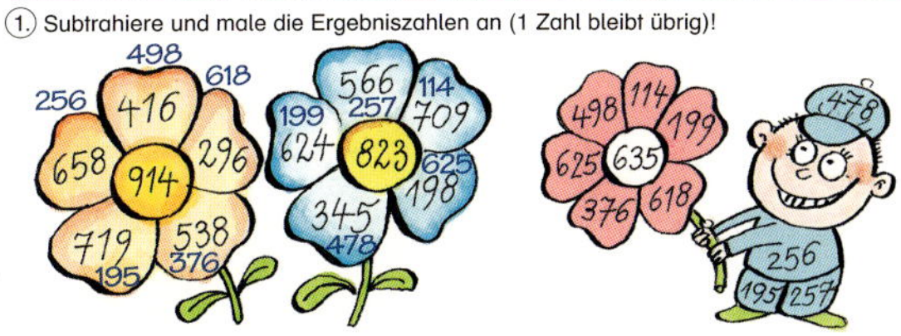

2. Hilf Waupi dabei, den Weg zu seinem Eis zu finden!

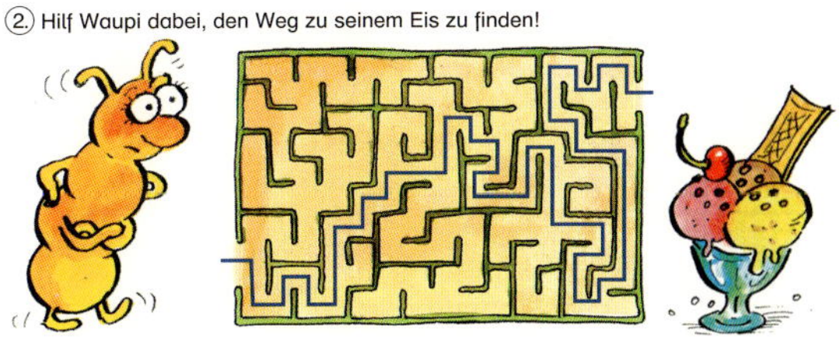

3. Ziehe parallele Geraden mit der gleichen Farbe nach!
a) b) c)

Wie viele Geraden hast du nachgezogen? 7

4. Für ein Konzert sind von 1 000 Karten am Montag 227 und am Dienstag 430 Karten verkauft worden. Wie viele Karten können am Mittwoch noch verkauft werden?

1000
− 227
773

773
− 430
343

A.: Am Mittwoch können noch 343 Karten verkauft werden.

7

1. Subtrahiere von 1 000! Rechne auf einem Zettel die Probe und überprüfe deine Ergebnisse!

1000 − 155 = 845	1000 − 412 = 588	1000 − 193 = 807	1000 − 913 = 87	
1000 − 277 = 723	1000 − 646 = 354	1000 − 534 = 466	1000 − 857 = 143	1000 − 328 = 672

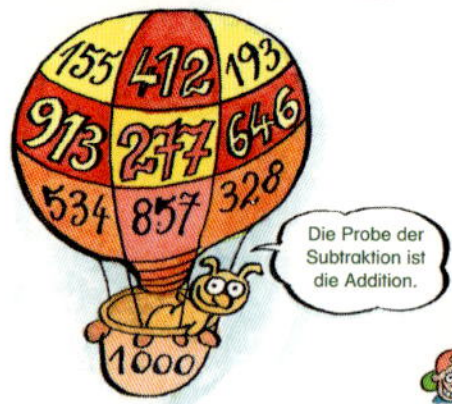

2. Rätsel: Kannst du diese Geheimschrift entziffern?

19	21	16	5	18	8	9	18	14
S	U	P	E	R	H	I	R	N

!

Tipp! E = 5

3. Kennzeichne alle rechten Winkel mit ⊾! Verwende dein Geo-Dreieck!

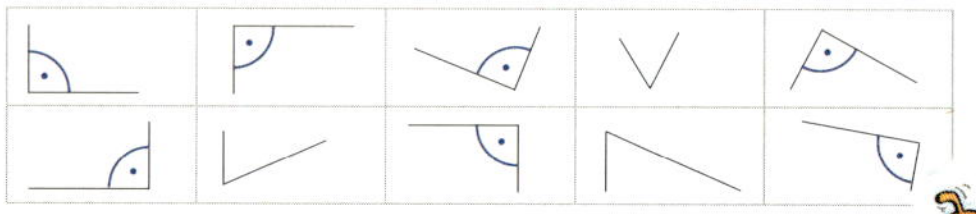

4. Zahl gesucht! Subtrahiere von 232 das Doppelte von 65 und ziehe vom Ergebnis 78 ab! Teile jetzt durch 2! Wie heißt die gesuchte Zahl?

A.: Die gesuchte Zahl heißt 12.

65 · 2 = 130
232 − 130 = 102
102 − 78 = 24
24 : 2 = 12

12

1. Bilde Subtraktionen!

2. Rätsel! Größer oder kleiner? Setze die Zahlen 2 und 3 richtig in die leeren Kästchen ein!

2	<	3	<	4	=	4
∧		∨		∨		∨
3	>	2	=	2	<	3

3. Kennzeichne die rechten Winkel mit ⊾! Wie viele sind es?

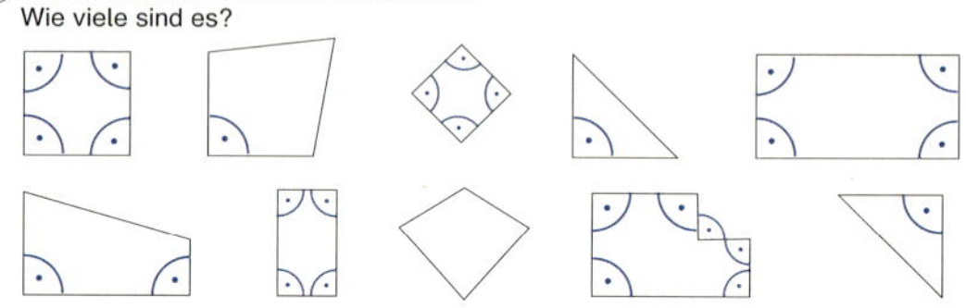

A.: Es sind 27 rechte Winkel.

4. Markus möchte einen Computer kaufen. Er hat 750 € gespart. Der Computer kostet aber 999 €. Wie viel Geld fehlt Markus?

A.: Es fehlen ihm 249 €.

999 − 750 = 249

27

1. Finde die fehlenden Zahlen!

843 − 457 = 386
761 − 382 = 379
218 − 109 = 109
465 − 128 = 337
503 − 215 = 288
892 − 644 = 248
653 − 296 = 357
932 − 564 = 368

2. Rätsel: Sudoku

6	2	1	4	3	5
3	1	5	6	4	2
4	5	2	3	6	1
1	4	3	5	2	6
2	3	6	1	5	4
5	6	4	2	1	3

3. Zeichne Strecken in folgenden Längen: 2 cm ✓; 4 cm; 1 cm; 5 cm; 3 cm; 6 cm

2 cm 4 cm 1 cm
5 cm 3 cm 6 cm

4. Johannes kauft 3 Bücher. Er bezahlt mit einem 100-€-Schein. Wie viel Geld bekommt er zurück?

21 € + 42 € = 63 €
63 € + 36 € = 99 €
100 € − 99 € = 1 €

A.: Johannes bekommt 1 € zurück.

1

1. a) Setze >, < oder = ein!

2 · 20 = 1 · 40 10 · 30 > 4 · 60 6 · 90 < 8 · 70
3 · 50 > 5 · 20 9 · 70 > 7 · 80 2 · 60 = 3 · 40

b) Versuche die Rechnungen zu lösen!

7 · 5 + 3 · 40 = 155 6 · 50 − 7 · 8 = 244
0 · 9 + 6 · 90 = 540 5 · 30 − 3 · 7 = 129
3 · 8 + 5 · 70 = 374 1 · 60 − 4 · 9 = 24
4 · 7 + 8 · 30 = 268 9 · 70 − 6 · 5 = 600

Punktrechnung immer vor Strichrechnung! Beispiel: 3 · 2 + 4 · 3 = 18 (6, 12)

2. Verbinde die Ergebniszahlen der 7er-Reihe der Reihe nach!

3. Lies die Uhr genau! Trage beide möglichen Uhrzeiten ein!

2.15 Uhr / 14.15 Uhr
4.40 Uhr / 16.40 Uhr
9.55 Uhr / 21.55 Uhr
7.35 Uhr / 19.35 Uhr
2.05 Uhr / 14.05 Uhr

4. Julian hat zum Geburtstag 5 Taschenbücher mit jeweils 179 Seiten bekommen. 3 Bücher hat er schon gelesen.
a) Wie viele Seiten hat er bis jetzt gelesen?
b) Wie viele Seiten kann er noch lesen?

A. a): Er hat schon 537 Seiten gelesen.
A. b): Er kann noch 358 Seiten lesen.

179 · 3 = 537
179 · 2 = 358

24

1. Multipliziere und ordne die Ergebnisse der Größe nach! Beginne mit dem kleinsten!

108 · 4 = 432 F
240 · 3 = 720 U
86 · 7 = 602 L
139 · 6 = 834 G

307 · 3 = 921 E
423 · 2 = 846 Z
333 · 3 = 999 G
240 · 4 = 960 U

Lösungswort: F L U G Z E U G

2. Rätsel: Meine Zahl ist größer als 3 · 4 und kleiner als 6 · 3. Meine Zahl kommt in der 5er-Reihe vor. Wie heißt sie?

15

3. a) Wie viele Minuten fehlen auf eine Stunde?

20 min + 40 min = 1 h
35 min + 25 min = 1 h
8 min + 52 min = 1 h
19 min + 41 min = 1 h

1 Stunde = 60 Minuten
1 h = 60 min

b) Subtrahiere von einer Stunde!

1 h – 39 min = 21 min
1 h – 3 min = 57 min
1 h – 27 min = 33 min
1 h – 13 min = 47 min

4. Susi fährt täglich mit dem Bus in die Schule. Für die Hin- und Rückfahrt benötigt sie insgesamt 38 Minuten. Wie viele Stunden und Minuten verbringt sie pro Schulwoche im Bus?

38 · 5
190
190 min = 3 h 10 min

A.: Sie verbringt pro Schulwoche 3 h 10 min im Bus.

21

1. Rechne und male die Ergebniszahlen an! Eine Zahl bleibt übrig!

484 · 2 = 968
153 · 3 = 459
101 · 5 = 505
400 · 2 = 800

308 · 3 = 924
107 · 8 = 856
219 · 3 = 657
11 · 3 = 33

2. Verbinde die Ergebniszahlen der 8er-Reihe der Reihe nach!

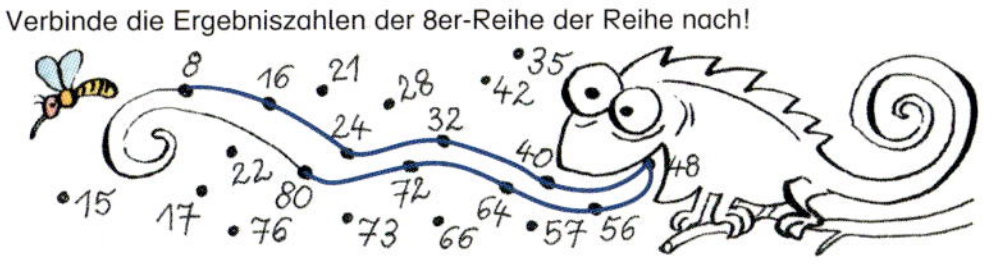

3. Zeichne die fehlenden Uhrzeiger ein! Trage darunter die zweite Zeitangabe ein!

3.30 Uhr – 15.30 Uhr
17.45 Uhr – 5.45 Uhr
8.05 Uhr – 20.05 Uhr
22.15 Uhr – 10.15 Uhr
1.55 Uhr – 13.55 Uhr

4. Milena und Jonas müssen ihr Kinderzimmer aufräumen. Beide beginnen am Nachmittag zur selben Zeit.

Beginn: 17.05 Uhr

Milena ist um drei viertel sechs fertig. Hier eintragen ⟶

Wie viele Minuten benötigt Milena? A.: Sie benötigt 40 min.

Jonas ist 10 Minuten vor sechs fertig. Hier eintragen ⟶

Wie viele Minuten benötigt Jonas? A.: Jonas benötigt 45 min.

33

1. Multipliziere und zähle die Ziffern der Ergebnisse zusammen! Male das jeweilige Kästchen mit der passenden Ziffernsumme an! Die Ziffernsumme zählt nicht zum kleinsten Ergebnis.

Beispiel: 834 = 15 (8 + 3 + 4)

328 · 3 = 984
412 · 2 = 824
209 · 4 = 836
137 · 7 = 959
257 · 3 = 771
189 · 5 = 945

2. Rätsel
3 mal 3 Kühe gehen vor 2 mal 2 Kühen, die 4 mal 4 Kühen folgen. Wie viele Kühe sind es?

A.: Es sind 29 Kühe.

3. a) Ergänze!

21 s + 39 s = 1 min
7 s + 53 s = 1 min
31 s + 29 s = 1 min
♛ 49 s + 71 s = 2 min
♛ 14 s + 106 s = 2 min

1 Minute = 60 Sekunden
1 min = 60 s

b) Subtrahiere!

1 min – 15 s = 45 s
1 min – 38 s = 22 s
1 min – 8 s = 52 s
♛ 2 min – 56 s = 64 s
♛ 2 min – 24 s = 96 s

4. Nico kauft für seine Geburtstagsparty 2 Flummis, 5 Jo-Jos und 3 Pfeiferl. Wie viel € und c benötigt er?

Preisliste	
1 Flummi	80 c
1 Jo-Jo	90 c
1 Pfeiferl	1,10 €

80 · 2 = 160 c
90 · 5 = 450 c
110 · 3 = 330 c
160 c + 450 c + 330 c = 940 c
940 c = 9 € 40 c

A.: Er benötigt 9 € 40 c.

♛ = schwierige Aufgabe

22

1. Multipliziere und male das Ergebnis in der angegebenen Farbe an!

429 · 2 = 858
218 · 4 = 872
57 · 8 = 456
139 · 5 = 695

306 · 3 = 918
108 · 7 = 756
95 · 6 = 570
500 · 2 = 1000

2. Verbinde die Ergebniszahlen der 6er-Reihe der Reihe nach!

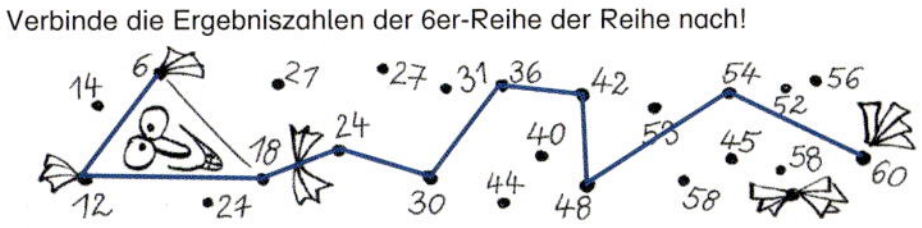

3. a)

1 Jahr hat 12 Monate.
1 Woche hat 7 Tage.
1 Tag hat 24 Stunden.

b) Ergänze oder subtrahiere!

55 s + 5 s = 1 min
1 h – 24 min = 36 min
♛ 2 min – 38 s = 82 s
52 min + 8 min = 1 h
39 s + 21 s = 1 min
♛ 2 h – 56 min = 64 min

c) Wie viele Sekunden sind vergangen?

40 s   15 s

4. Johanna ist 2 Jahre und 3 Monate alt. Tobias ist um 16 Monate jünger als Johanna und Emma um 1 Jahr und 8 Monate älter als Tobias. Wie alt sind Tobias und Emma?

Johanna = 27 M
27 – 16 = 11 M
11 + 20 = 31 M
31 M = 2 J 7 M

A.: Tobias ist 11 Monate und Emma 2 Jahre 7 Monate alt.

5

1. Dividiere schriftlich und male die Ergebniszahlen an! Eine Zahl bleibt übrig.

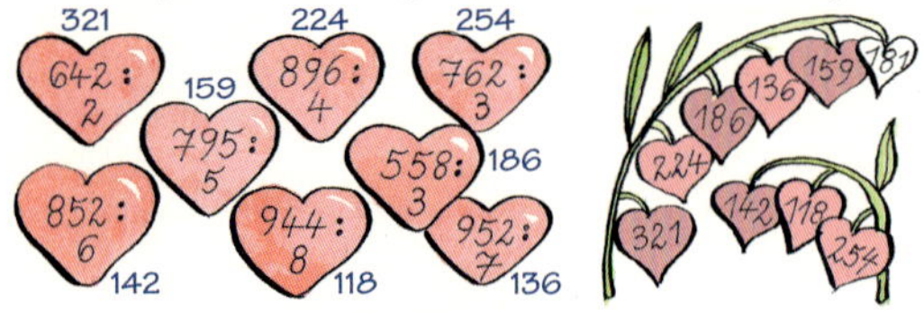

2. Sudoku

1	2	3	4
4	3	2	1
2	4	1	3
3	1	4	2

3	2	4	1
1	4	2	3
4	1	3	2
2	3	1	4

3. Halbiere folgende Strecken: 1 cm, 3 cm, 2 cm, 5 cm, 4 cm, 6 cm

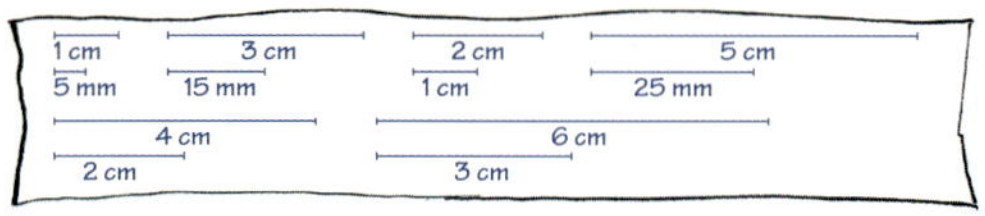

4. a) Berechne den 9. Teil von 81!
b) Wie viel ist der 7. Teil von 861?

81 : 9 = 9

861 : 7 = 123
16
21
0R

A.: a) Der 9. Teil von 81 ist 9.
b) Der 7. Teil von 861 ist 123.

9

1. Dividiere und mach die Probe!

2. Gitterrätsel:
Trage die Wörter richtig in das Gitter ein!
3 Buchstaben: Eis, See
4 Buchstaben: Meer, Nase
5 Buchstaben: Regen, Nagel
8 Buchstaben: Sandalen
9 Buchstaben: Reisepass
12 Buchstaben: Sommerferien

3. Verdopple folgende Strecken!
(Zählt nicht zur kleinsten Zahl!)

5 cm — 10 cm
3 cm — 6 cm
4 cm — 8 cm
1 cm — 2 cm
2 cm — 4 cm

4. Halbiere die Zahl 848. Dividiere das Ergebnis durch 4. Halbiere diese Zahl. Jetzt subtrahiere vom Ergebnis das Doppelte von 22 und rechne dann minus 3.
Wie heißt deine Zahl?

848 : 2 = 424
04
08
0R
424 : 4 = 106
02
24
0R
106 : 2 = 53
06
0R
53
−44
9
9 − 3 = 6

A.: Die Zahl heißt 6.

6

1. Divisionen mit Rest. Male die Ergebnisse an! 2 Ergebnisse bleiben übrig.

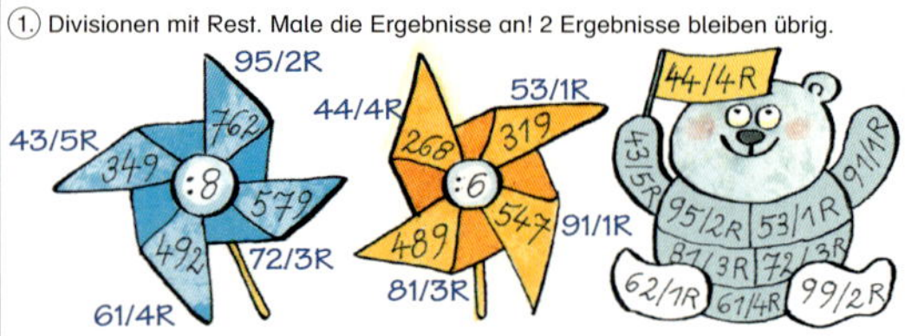

2. Verbinde die Zahlen der 9er-Reihe der Reihe nach!

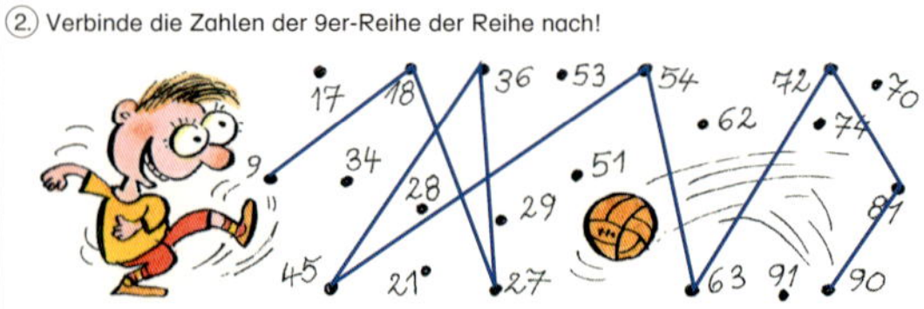

3. a) Zeichne das Quadrat doppelt so groß!

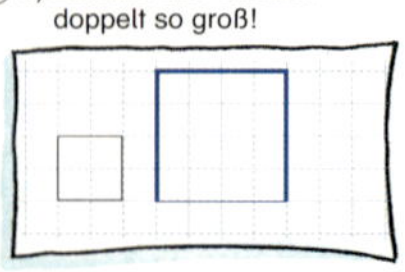

b) Zeichne das Rechteck halb so groß!

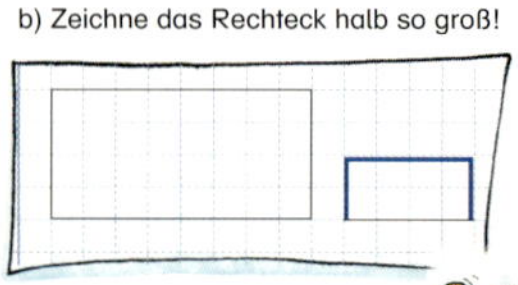

4. In einem Lift sind 20 Personen. Im 1. Stock steigen 4 Personen aus, im 2. Stock verlassen nur halb so viele den Lift. Im 3. Stock steigen doppelt so viele Leute aus wie im 1. Stock.
Wie viele sind jetzt noch im Lift?

20 − 4 = 16
16 − 2 = 14
14 − 8 = 6

A.: Jetzt sind noch 6 Personen im Lift.

6

1. Divisionen mit 0:
Ordne die Ergebnisse der Reihe nach. Beginne mit dem kleinsten Ergebnis und finde das Lösungswort!

240 : 5 = 48 S
105 : 5 = 21 E
720 : 8 = 90 E
320 : 4 = 80 T
170 : 2 = 85 E
360 : 9 = 40 I

Lösungswort: E I S T E E

2. Kannst du dieses Rechenrätsel lösen? Schreib die Rechnungen auf!

♥ + ♥ = 8
▲ + ▲ = ♥
♥ + ▲ = ●
● − ★ = ★

♥ = 4 4 + 4 = 8
▲ = 2 2 + 2 = 4
● = 6 4 + 2 = 6
★ = 3 6 − 3 = 3

3. Zeichne diese Buchstaben doppelt so groß!

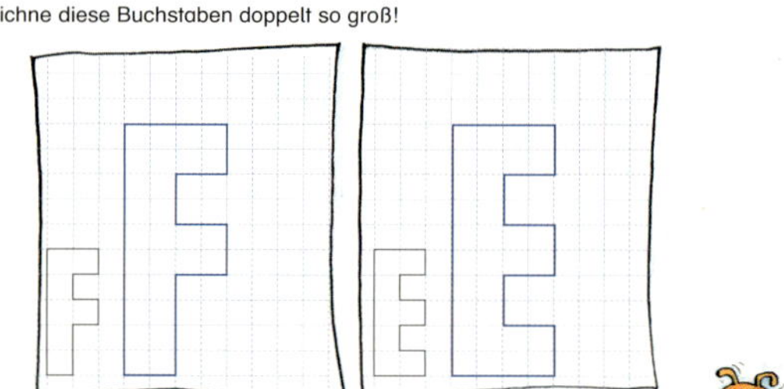

4. Ralfi hat schon 234 Seiten in seinem Buch gelesen.
Das Buch hat 529 Seiten.
Wie viele Seiten kann Ralfi noch lesen?

529
−234
295

A.: Rafi kann noch 295 Seiten lesen.

21

1. Dividiere und male die Ergebnisse an!
Achtung: Eine Zahl bleibt übrig!

2. Finde die fehlenden Zahlen! Schwierig!

2 · 9 · 5 = 90
4 · 8 · 3 = 96
7 · 1 · 6 = 42
= 56, = 72, = 90

3. Zeichne diese Buchstaben halb so groß!

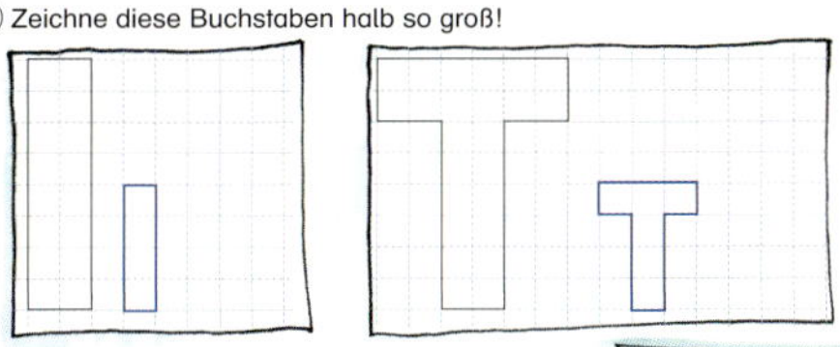

4. 288 Äpfel werden in 6er-Kartons verpackt.
Wie viele Kartons werden benötigt?

288 : 6 = 48
48
0R

A.: Es werden 48 Kartons benötigt.

13

1. a) Kreise alle Rechtecke und Quadrate ein!

b) Zeichne die Rechtecke und Quadrate fertig und zeichne dann alle rechten Winkel (⊾) ein!

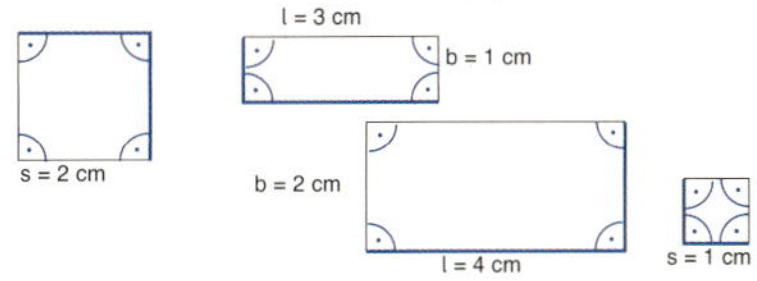

2. Rätsel: Finde alle 10 Fehler!

3. Wandle um!

m | dm | cm

2 m = 200 cm
10 dm = 100 cm
3 m = 30 dm
5 dm = 50 cm

800 cm = 8 m
500 cm = 50 dm
100 cm = 10 dm
900 cm = 9 m

238 cm = 2 m 3 dm 8 cm
301 cm = 3 m 1 cm
596 cm = 5 m 9 cm 6 dm
710 cm = 7 m 1 dm

4. Paula strickt für ihre Oma einen Schal.
In der ersten Woche schafft sie 28 cm, in der zweiten Woche 14 dm 6 cm und in der dritten Woche 103 cm.
Wie lang ist der Schal?

28 cm
146 cm
103 cm
277 cm =
2 m 7 dm 7 cm

A.: Der Schal ist 2 m 7 dm 7 cm lang.

8

1. a) Wie berechne ich den Umfang eines Rechtecks?

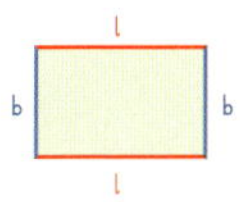

l = 4 cm
b = 2 cm
u = 12 cm

1. Lösungsweg: 4 + 2 + 4 + 2 → u 12
2. Lösungsweg: 4 ·2→ 8; 2 ·2→ 4; 8 + 4 → u 12
3. Lösungsweg: 4 + 2 → 6 ·2→ u 12

b) Berechne jeweils den Umfang!

l = 23 m
b = 17 m
u = 80 m

l = 57 m
b = 46 m
u = 206 m

2. Schau dir die Farben- und Figurenfolge genau an.
Was kommt an Stelle der Fragezeichen?

m | dm | cm | mm

3. a) Wandle um!

3 dm = 300 mm
2 cm = 20 mm
1 m = 1000 mm
200 mm = 2 dm
80 mm = 8 cm

615 mm = 6 dm 1 cm 5 mm
709 mm = 7 dm 9 mm
354 mm = 3 dm 5 cm 4 mm
230 mm = 2 dm 3 cm

b) Miss auf den mm genau ab!

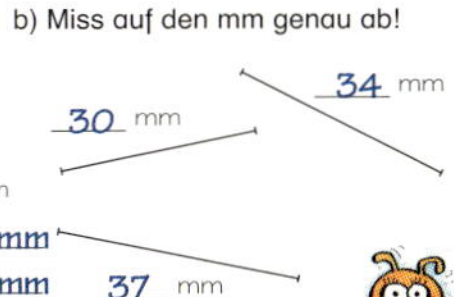

4. Nimm die Hälfte von 238 und vervierfache dann das Ergebnis.
Wie heißt die Zahl?

238 : 2 = 119
03
18
0R
119 · 4
476

A.: Die Zahl heißt 476.

2

1. a) Wie berechne ich den Umfang eines Quadrates?

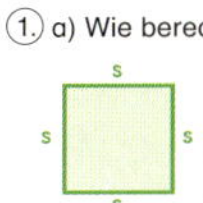

s = 30 cm
u = 120 cm

1. Lösungsweg: 30 + 30 + 30 + 30 → u 120
2. Lösungsweg: 30 ·4→ u 120

b) Berechne jeweils den Umfang!

s = 15 m
u = 60 cm

s = 37 cm
u = 148 cm

s = 89 mm
u = 356 mm

2. Sudoku

4	2	1	3
1	3	4	2
2	1	3	4
3	4	2	1

3. Trage in den Umwandlungsraster ein und entdecke die einzelnen Maße!

	m	dm	cm	mm	
25 cm →		2	5		= 2 dm 5 cm
87 dm →	8	7			= 8 m 7 dm
206 mm →		2	0	6	= 2 dm 6 mm
410 cm →	4	1	0		= 4 m 1 dm
36 mm →			3	6	= 3 cm 6 mm
793 cm →	7	9	3		= 7 m 9 dm 3 cm

4. Wolfgang ist 145 cm groß. Susi ist um 48 cm kleiner als Wolfgang und Camillo um 18 cm größer als Susi.
Um wie viel cm ist Wolfgang größer als Camillo?

145 cm
− 48 cm
97 cm = Susi

97 cm
18 cm
115 cm = Camillo

145 cm
− 115 cm
30 cm

A.: Wolfgang ist um 30 cm größer als Camillo.

30

1. a) Berechne den Umfang folgender Gärten und ordne die Ergebnisse der Größe nach!

l = 43 m, b = 27 m, u = 140 m (B) | s = 79 m, u = 316 m (M) | l = 56 m, b = 47 m, u = 206 m (U) | s = 36 m, u = 144 m (A)

Lösungswort: B A U M

b) Wie viele Rasterquadrate haben die Rechtecke und Quadrate?

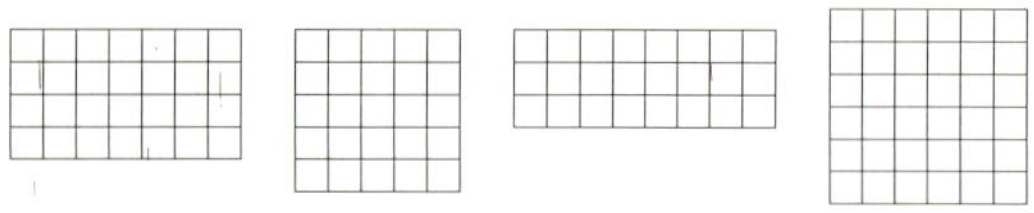

28 25 24 36

2. Zahlengitter: Trage die folgenden Zahlen richtig in das Gitter ein!
1527688832, 12144, 91313, 4370966731, 1438567291

	5				5				5	
10	1	4	3	8	5	6	7	2	9	1
	2				3				1	
10	1	5	2	7	6	8	8	8	3	2
	4				7				1	
10	4	3	7	0	9	6	6	7	3	1

3. a) Wandle um!
4 m = 40 dm
300 mm = 30 cm
2 m = 200 cm
1 dm 9 cm = 19 cm

b) Rechne und wandle das Ergebnis in die einzelnen Maße um!
25 cm + 38 cm + 19 cm = 82 cm ⟶ 8 dm 2 cm
97 mm – 64 mm + 53 mm = 86 mm ⟶ 8 cm 6 mm
51 dm + 7 dm + 36 dm = 94 dm ⟶ 9 m 4 dm

4. Matthias hat einen Schulweg von 1 Kilometer. Nach 368 m trifft er immer seine Freundin Lilly. Wie viele m gehen sie zusammen?

1000
– 368
632

A.: Zusammen gehen sie 632 m.

19

1. Berechne den Umfang! Wandle zuerst in das kleinste Maß um!
Mach in das jeweilige Kästchen mit dem Geo-Dreieck eine genaue Zeichnung!

a) l = 4 cm 3 mm
b = 17 mm
u = 102 mm

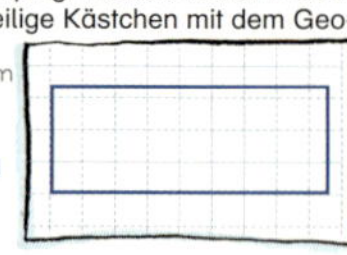

b) s = 2 cm 4 mm
u = 96 mm

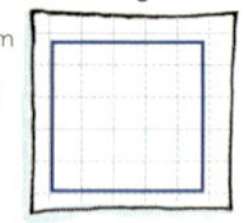

2. Zahlen-Suchsel
Finde die folgenden Zahlen:
35431, 60074
13409, 61334
89034, 90345

7	6	1	5	0	9	1	7	6	3
2	1	5	7	8	0	1	3	0	9
7	3	5	4	3	1	9	8	0	1
1	3	2	4	8	9	0	6	7	4
5	4	1	0	9	7	3	5	4	5
4	2	7	8	1	3	4	0	9	2
3	7	4	2	2	0	5	2	1	6
8	9	0	3	4	2	7	4	3	0

3. a) Ergänze auf 1 m!
320 mm + 680 mm = 1 m
73 cm + 27 cm = 1 m
557 mm + 443 mm = 1 m
36 cm + 64 cm = 1 m
408 mm + 592 mm = 1 m

b) Rechne von 1 m weg!
1 m – 209 mm = 791 mm
1 m – 24 cm = 76 cm
1 m – 737 mm = 263 mm
1 m – 48 cm = 52 cm
1 m – 560 mm = 440 mm

4. Bauer Herwig möchte sein Grundstück neu einzäunen.
Es ist 121 m lang und 87 m breit. Für das 3 m breite Einfahrtstor benötigt er keinen Zaun.
Wie viel Zaun muss er kaufen?

121
87
208

208 · 2
416

416
– 3
413

A.: Er muss 413 m Zaun kaufen.

27

1. Setze <, > oder = ein!
3 m = 300 cm 70 dm < 7 m 1 dm
400 cm > 250 cm 2 m = 20 dm
8 m > 80 cm 6 m = 60 dm 0 cm
520 cm > 5 m 5 cm < 5 dm

2. Verbinde die Ergebnisse der 4er-Reihe der Reihe nach!

3. Verbinde die Punkte so, dass ein Quader und ein Würfel entstehen!

4. Eine 2 m 8 cm lange Schnur soll in 8 gleich große Stücke geschnitten werden.
Wie lang ist ein Stück?

A.: Ein Stück ist 26 cm lang.

208 cm : 8 = 26 cm
48
0R

26

1. Addiere und ordne die Ergebnisse der Größe nach! Beginne mit dem größten!

428	216	555	387	127
309	690	371	99	403
737 R	906 N	926 A	486 D	530 N
642	202	438	190	718
107	380	329	309	103
83	76	233	299	27
832 S	658 A	1000 S	798 T	848 D

Lösungswort: S A N D S T R A N D

2. Sudoku

2	1	3	4
4	3	1	2
1	4	2	3
3	2	4	1

3. Trage die fehlenden Uhrzeiten und die fehlenden Uhrzeiger ein!

3.30 Uhr	8.55 Uhr	7.05 Uhr	9.35 Uhr	11.20 Uhr
15.30 Uhr	20.55 Uhr	19.05 Uhr	21.35 Uhr	23.20 Uhr

4. Nico fährt täglich mit dem Bus in die Schule. Wenn kein Kind krank ist, sitzen im Bus schon 11 Kinder. Bei Nicos Haltestelle steigen mit Nico auch 4 andere Kinder ein und später nochmals fünf Kinder.
Wie viele Kinder sitzen dann im Bus?

11 + 1 + 4 + 5 = 21

A.: Im Bus sitzen dann 21 Kinder.

21

1. Schreib die Zahlen richtig untereinander und subtrahiere schriftlich!
Male die Ergebniszahlen an! 3 Ergebniszahlen bleiben übrig.

8H 9Z 4E	1H 9Z 3E	9H 0Z 6E	1T 0H 0Z 0E	6H 7Z 5E	7H 2Z 4E
3H 4Z 1E	1H 6Z 6E	5H 8Z 2E	8H 9Z 7E	2H 6Z 1E	1H 8Z 8E

894 − 341 = 553
193 − 166 = 27
906 − 582 = 324
1000 − 897 = 103
675 − 261 = 414
724 − 188 = 536

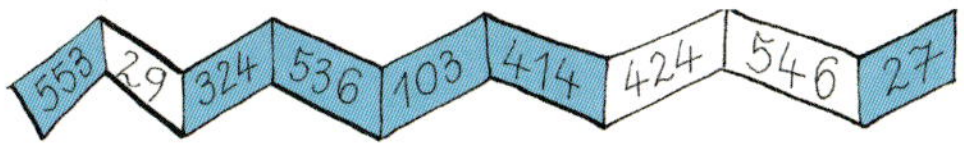

2. Additionspyramide:
Rechne 2 nebeneinanderstehende Zahlen zusammen und schreib das Ergebnis in das Kästchen darüber!

160
83 77
43 40 37
22 21 19 18
10 12 9 10 8
3 7 5 4 6 2

3. Zeichne mit dem Geo-Dreieck zu jeder Geraden 2 parallele Geraden, die durch die vorgegebenen Punkte führen!

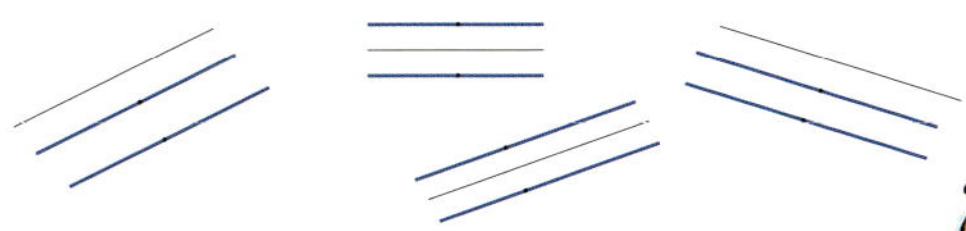

4. Eine Zahl hat 7 Hunderter, um 2 Zehner weniger als Hunderter und um 3 Einer mehr als Zehner.
Wie heißt die Zahl?

758

A.: Die Zahl heißt 758.

27

1. Multipliziere und zähle die Ziffern der Ergebnisse zusammen!
Male das jeweilige Kästchen mit der passenden Ziffernsumme an!
(Die Ziffernsumme zählt nicht zur kleinsten Zahl.) 5 Ziffernsummen bleiben übrig.

87 · 9 = 783
408 · 2 = 816
316 · 3 = 948
165 · 5 = 825
247 · 4 = 988
105 · 8 = 840

2. Logische Zahlenreihe: Für welche Zahl steht das Fragezeichen?

480

3. Berechne den Umfang!
Mach in das jeweilige Kästchen mit dem Geo-Dreieck eine genaue Zeichnung!

a)

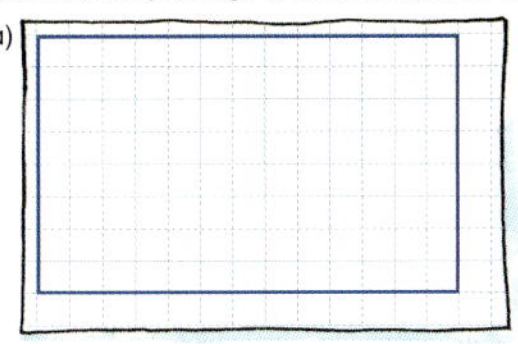

l = 6 cm 5 mm
b = 4 cm
u = 21 cm

b) s = 19 mm
u = 76 mm

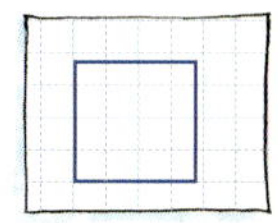

4. Patricia, Stefan und Lisa wollen wissen, wer von ihnen am schnellsten rechnet. Sie haben alle drei das gleiche Arbeitsblatt und stoppen die Zeit.

	Beginn	Ende	Dauer
Patricia	17.25 Uhr	17.48 Uhr	23 min
Stefan	18.01 Uhr	18.23 Uhr	22 min
Lisa	18.32 Uhr	18.57 Uhr	25 min

48 min − 25 min = 23 min
23 min − 1 min = 22 min
57 min − 32 min = 25 min

Wer kann am schnellsten rechnen?

A.: Stefan kann am schnellsten rechnen.

21

1. Schriftliches Dividieren mit und ohne Rest: Male die Ergebnisse in den Flossen an!
1 Flosse bleibt übrig.

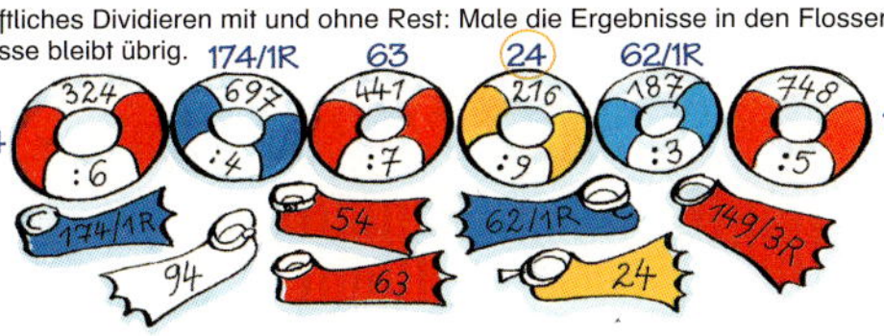

54, 174/1R, 63, 24, 62/1R, 149/3R

2. Rätsel: Finde die 7 versteckten Wörter!

H	A	L	O	N	F	N	B	I	A
I	R	F	F	E	R	I	E	N	I
T	V	G	H	J	E	L	E	X	K
Z	T	G	E	W	I	T	T	E	R
E	E	A	T	C	B	N	O	T	O
I	X	N	S	R	A	D	I	O	E
E	I	S	D	F	D	P	V	U	M

① FERIEN
② FREIBAD
③ HITZE
④ GEWITTER
⑤ EIS
⑥ BEET
⑦ RADIO

3. Schau genau! Wie viel Gramm fehlen in jedem Koffer?

210 g 100 g 170 g

4. Marias Eltern wiegen zusammen 141 kg.
Ihr Vater hat 83 kg.
Wie schwer ist Marias Mutter?

141 kg − 83 kg = 58 kg

A.: Marias Mutter wiegt 58 kg.

24

1. Addiere und male die Ergebnisse der ersten Reihe ■ und der zweiten Reihe ■ an!

346 + 219 = 565
407 + 193 = 600
358 + 504 = 862
223 + 198 = 421

519 + 342 = 861
321 + 454 = 775
652 + 97 = 749
436 + 256 = 692

2. Verbinde die Ergebniszahlen der 3er-Reihe der Reihe nach!

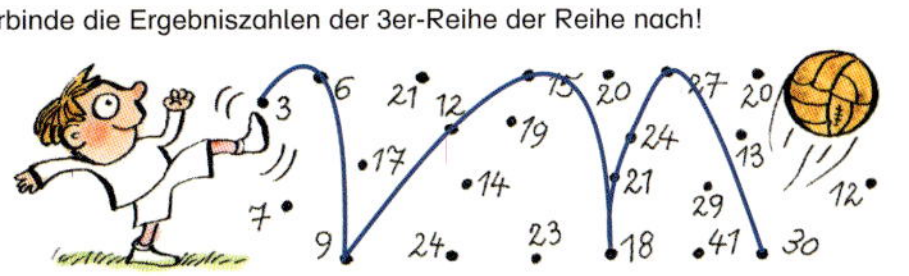

3. Berechne den Umfang folgender Schwimmteiche und ordne die Ergebnisse der Größe nach!

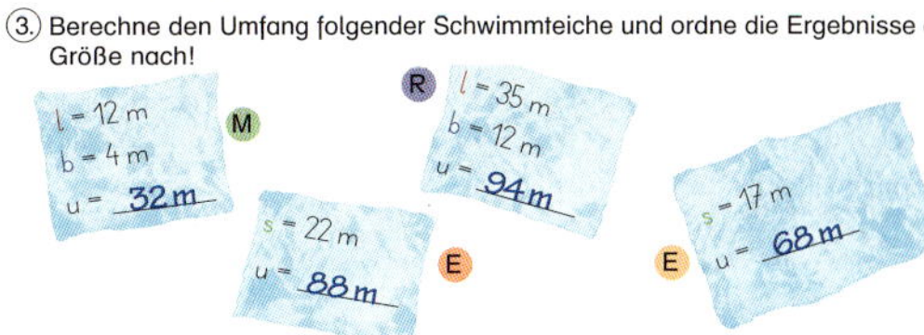

Lösungswort: M E E R

4. Zahl gesucht!
Addiere zu 146 das Doppelte von 378!
Zieh nun vom Ergebnis 898 ab und teile dann durch 2!
Wie heißt die gesuchte Zahl?

378 · 2 = 756
146 + 756 = 902
902 − 898 = 4
4 : 2 = 2

A.: Die gesuchte Zahl heißt 2.

2

(1.) Subtrahiere und mach die Probe!

(2.) Größer oder kleiner?
Setze die Zahlen 3 und 4 richtig in die leeren Kästchen ein!

3	<	4	<	5	=	5
∧		∨		∨		∨
4	>	3	=	3	<	4

(3.) Gewichtsmaße:
a) Wandle in g um!

2 dag 1 g = 21 g
7 dag 9 g = 79 g
4 dag 7 g = 47 g
9 dag 1 g = 91 g

b) Setze <, > oder = ein!

300 dag (=) 3 kg
7 kg (>) 70 dag
500 g (<) 1 kg
2 000 g (=) 2 kg

(4.) Nora kauft 150 g Schinken, 200 g Salami, 100 g Extrawurst und 100 g Käse. Wie viel kauft sie insgesamt?

150 g
200 g
100 g
100 g
550 g

A.: Sie kauft insgesamt 550 g.

21

(1.) Multipliziere und male das Ergebnis in der angegebenen Farbe an!

314 · 3 = 942
236 · 4 = 944
108 · 9 = 972
247 · 4 = 988

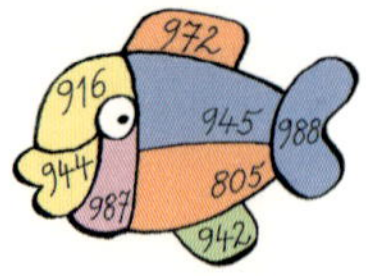

115 · 7 = 805
458 · 2 = 916
329 · 3 = 987
135 · 7 = 945

(2.) Rätsel: Addiere die Rückseiten der Würfel!

Wie heißt das Ergebnis? 22

(3.) Rechne mit h, min und s!

18 min + 42 min = 1 h
35 min + 25 min = 1 h
1 h − 2 min = 58 min
♛ 2 h − 46 min = 74 min

48 s + 12 s = 1 min
29 s + 31 s = 1 min
1 min − 7 s = 53 s
♛ 2 min − 83 s = 37 s

(4.) Der Schwimmkurs von Jakob kostet für ein halbes Jahr 282 €.
Wie viel muss Jakobs Mutter jeden Monat einzahlen?

A.: Sie muss jeden Monat 47 € einzahlen.

282 : 6 = 47
42
0R

2

(1.) Dividiere und male die Ergebnisse an! 1 Ergebnis bleibt übrig.

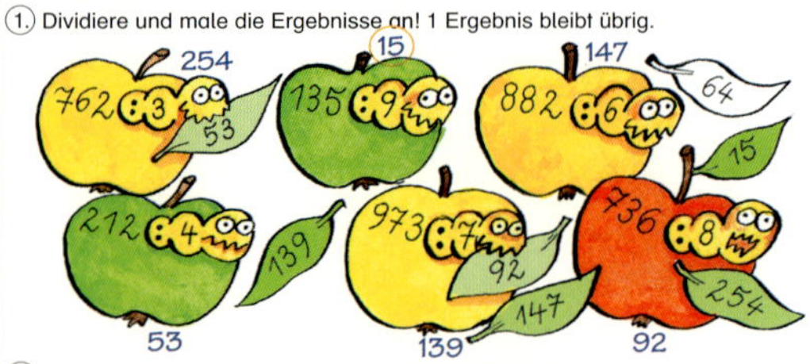

(2.) Sudoku

4	2	3	1
1	3	2	4
2	1	4	3
3	4	1	2

4	2	1	3
3	1	2	4
1	3	4	2
2	4	3	1

(3.) Zeichne folgende Strecken:

4 cm 3 mm | 2 cm 5 mm | 7 cm 6 mm | 65 mm | 30 mm | 58 mm

4 cm 3 mm — 2 cm 5 mm — 7 cm 6 mm
65 mm
30 mm — 58 mm

(4.) Peters Schulweg ist 420 m lang.
Wie viele Meter (hin und zurück) geht er täglich?

A.: Peter geht täglich 840 m.

420 m · 2
840 m

15

(1.) Ergänze zu symmetrischen Figuren!

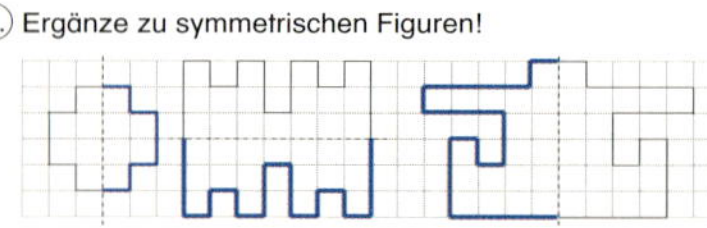

(2.) Zeichne nur die Symmetrieachsen farbig nach!

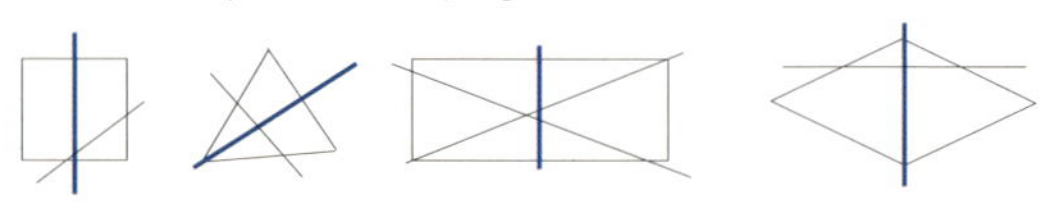

9 A	26 B	18 C	1 D	21 E	7 F	13 G	3 H	24 I	11 J	22 K
5 L	28 M	16 N	19 O	4 P	14 Qu	27 R	6 S	2 T	8 U	30 V
10 W	25 X	20 Y	17 Z	29 Ä	12 Ü	32 Ö	23 .	15 !	31 ?	
35 1	39 2	38 3	33 4	36 5	41 6	34 7	40 8	37 9		

Seite	1	2	3	4	5	6	7	8	9	10	11	12	13	14	15	16	17	18	19	20	21	22	23	24
Buchstabe	J	E	T	Z	T	B	I	S	T	D	U	F	Ü	R	D	I	E	4.	K	L	A	S	S	E

Seite	25	26	27	28	29	30	31	32	33	34	35	36	37	38	39
Buchstabe	G	U	T	V	O	R	B	E	R	E	I	T	E	T	!

GRATIS-INFOSCHECK: Jetzt Vorteile sichern!

Ihre Vorteile

- Sie erhalten einmal pro Schuljahr das aktuelle Lernhilfen-Magazin „Eltern-Post“ zugeschickt.
- Sie nehmen automatisch an unserem attraktiven Gewinnspiel teil.
- Sie erhalten regelmäßig (ca. 5 x) im Schuljahr den VERITAS-Eltern-Newsletter per E-Mail mit aktuellen Infos und Angeboten zu Lernhilfen und Lernsoftware.

Einfach den Infoscheck vollständig ausfüllen, abtrennen und an die angegebene Adresse schicken oder im Internet unter http://eltern.veritas.at registrieren!

DVR.Nr.: 0658758

Infoscheck / Antwort

GRATIS!

Postentgelt beim Empfänger einheben

Vorname (Eltern) ____________________

Nachname (Eltern) ____________________

Straße ____________________

PLZ/Ort ____________________

E-Mail ____________________

❑ Ja, informieren Sie mich regelmäßig über Lernhilfen und Lernmedien ❑ per Post ❑ per E-Mail

VERITAS

Verlags- und Handelsges.m.b.H. & Co. OHG
Hafenstraße 1-3
Pf 50
4010 Linz

1. Dividiere und mach die Probe!

2. Gitterrätsel:
Trage die Wörter richtig in das Gitter ein!

3 Buchstaben: Eis, See
4 Buchstaben: Meer, Nase
5 Buchstaben: Regen, Nagel
8 Buchstaben: Sandalen
9 Buchstaben: Reisepass
12 Buchstaben: Sommerferien

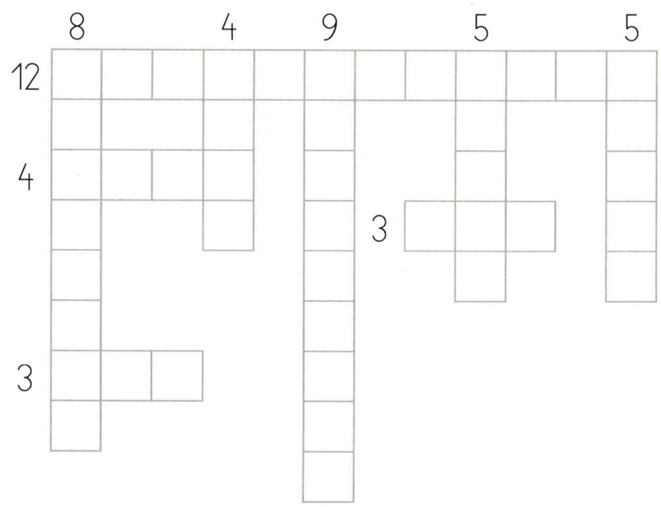

3. Verdopple folgende Strecken!
(Zählt nicht zur kleinsten Zahl!)

5 cm

3 cm

4 cm

1 cm

2 cm

4. Halbiere die Zahl 848. Dividiere das Ergebnis durch 4. Halbiere diese Zahl. Jetzt subtrahiere vom Ergebnis das Doppelte von 22 und rechne dann minus 3.
Wie heißt deine Zahl?

A.: ______________________________

1. Divisionen mit Rest. Male die Ergebnisse an! 2 Ergebnisse bleiben übrig.

2. Verbinde die Zahlen der 9er-Reihe der Reihe nach!

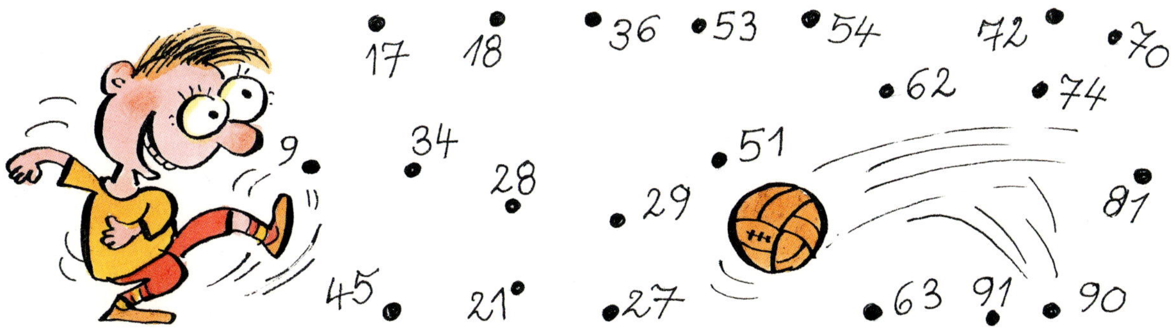

3. a) Zeichne das Quadrat doppelt so groß!

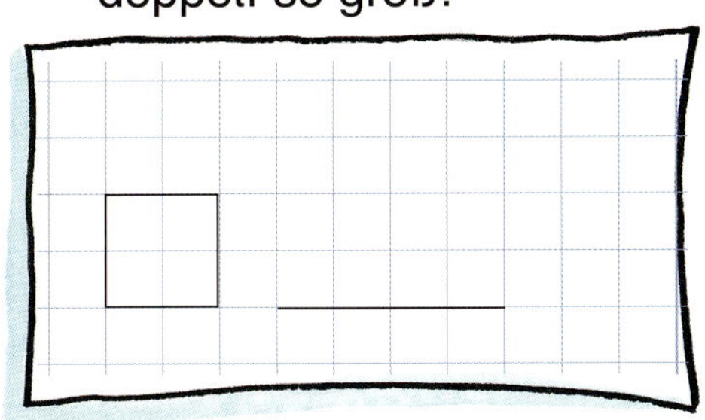

b) Zeichne das Rechteck halb so groß!

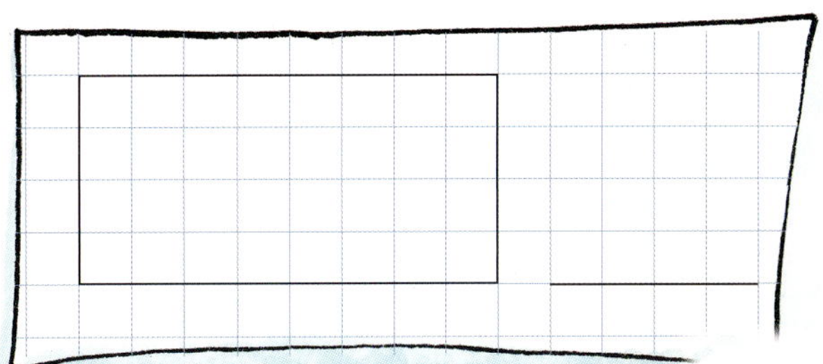

4. In einem Lift sind 20 Personen. Im 1. Stock steigen 4 Personen aus, im 2. Stock verlassen nur halb so viele den Lift. Im 3. Stock steigen doppelt so viele Leute aus wie im 1. Stock.
Wie viele sind jetzt noch im Lift?

A.: ______________________________

____

1. Divisionen mit 0:
Ordne die Ergebnisse der Reihe nach. Beginne mit dem kleinsten Ergebnis und finde das Lösungswort!

240 : 5 = ______ S 105 : 5 = ______ E 720 : 8 = ______ E

320 : 4 = ______ T 170 : 2 = ______ E 360 : 9 = ______ I

Lösungwort: __ __ __ __ __ __

2. Kannst du dieses Rechenrätsel lösen? Schreib die Rechnungen auf!

3. Zeichne diese Buchstaben doppelt so groß!

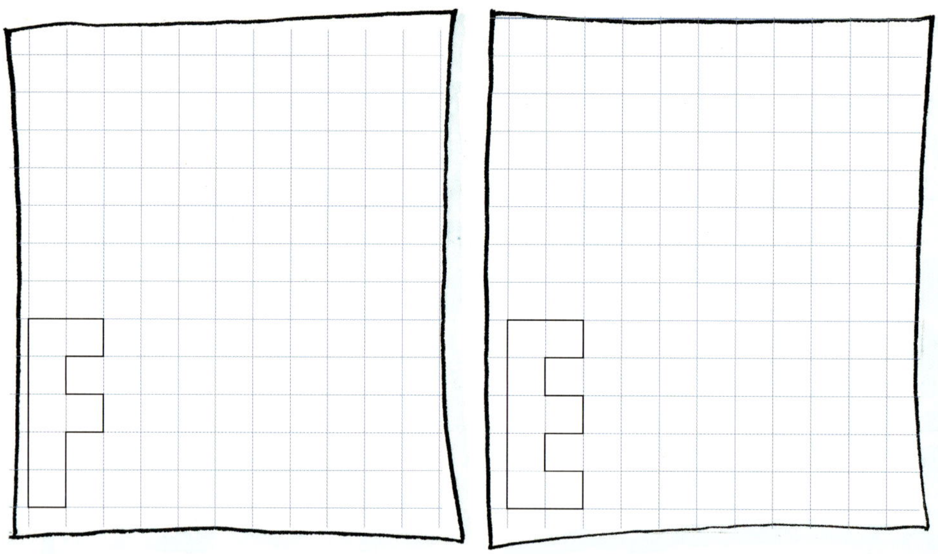

4. Ralfi hat schon 234 Seiten in seinem Buch gelesen.
Das Buch hat 529 Seiten.
Wie viele Seiten kann Ralfi noch lesen?

A.: ______________________________

____

1. Dividiere und male die Ergebnisse an!
   Achtung: Eine Zahl bleibt übrig!

2. Finde die fehlenden Zahlen! Schwierig!

3. Zeichne diese Buchstaben halb so groß!

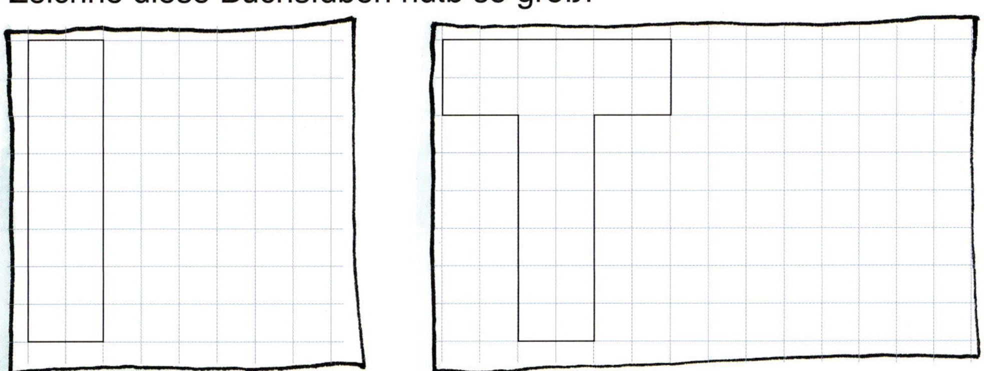

4. 288 Äpfel werden in 6er-Kartons verpackt.
   Wie viele Kartons werden benötigt?

A.: ________________________________

____

1. a) Kreise alle Rechtecke ■ und Quadrate ■ ein!

b) Zeichne die Rechtecke und Quadrate fertig und zeichne dann alle rechten Winkel (⊾) ein!

l = 3 cm

b = 1 cm

s = 2 cm

b = 2 cm

l = 4 cm

s = 1 cm

2. Rätsel: Finde alle 10 Fehler!

3. Wandle um!

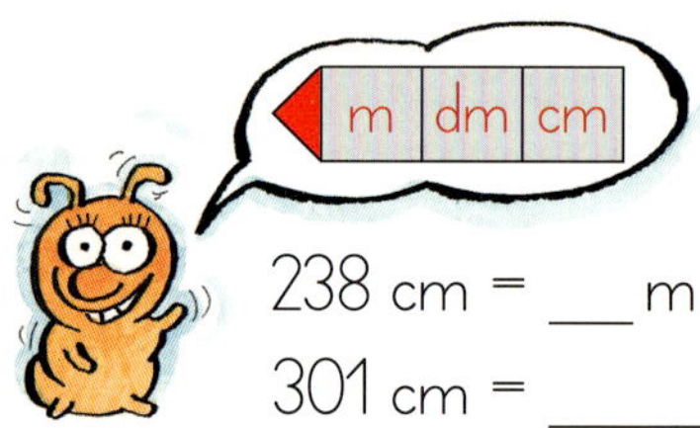

2 m = ____ cm	800 cm = ____ m	238 cm = __ m __ dm __ cm
10 dm = ____ cm	500 cm = ____ dm	301 cm = ________
3 m = ____ dm	100 cm = ____ dm	596 cm = ________
5 dm = ____ cm	900 cm = ____ m	710 cm = ________

4. Paula strickt für ihre Oma einen Schal.
In der ersten Woche schafft sie 28 cm, in der zweiten Woche 14 dm 6 cm und in der dritten Woche 103 cm.
Wie lang ist der Schal?

A.: ______________________________

____

1. a) Wie berechne ich den Umfang eines Rechtecks?

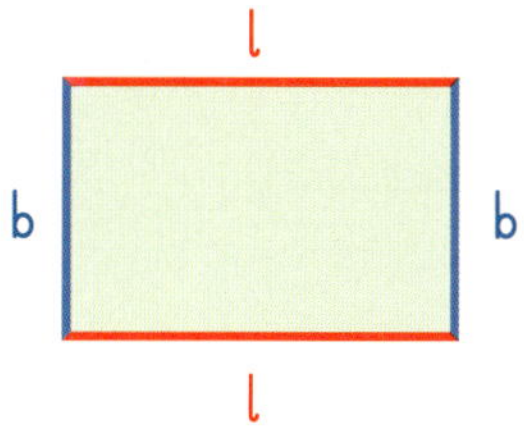

l = 4 cm
b = 2 cm
u = ______

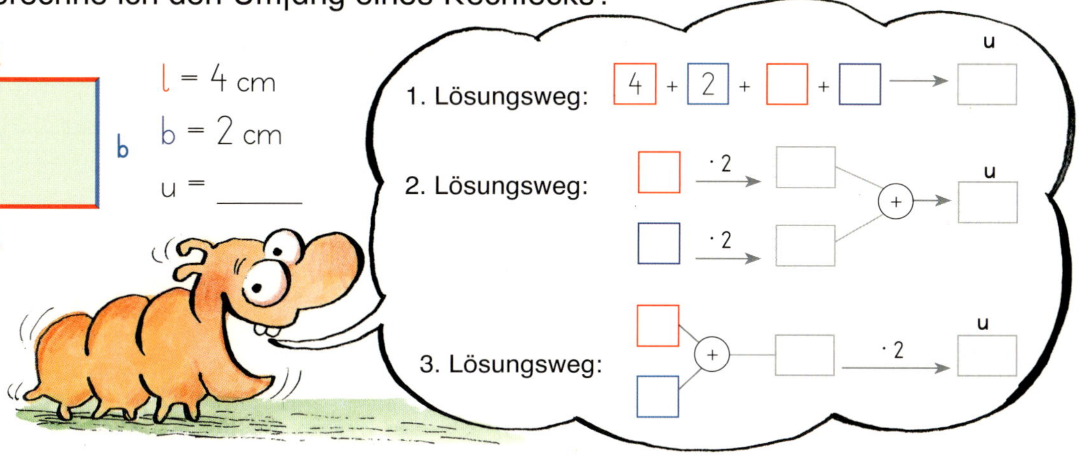

b) Berechne jeweils den Umfang!

l = 23 m
b = 17 m
u = ________

l = 57 m
b = 46 m
u = ________

2. Schau dir die Farben- und Figurenfolge genau an. Was kommt an Stelle der Fragezeichen?

3. a) Wandle um!

3 dm = ______ mm
2 cm = ______ mm
1 m = ______ mm
200 mm = ______ dm
80 mm = ______ cm

615 mm = 6 dm 1 cm 5 mm
709 mm = ________________
354 mm = ________________
230 mm = ________________

b) Miss auf den mm genau ab!

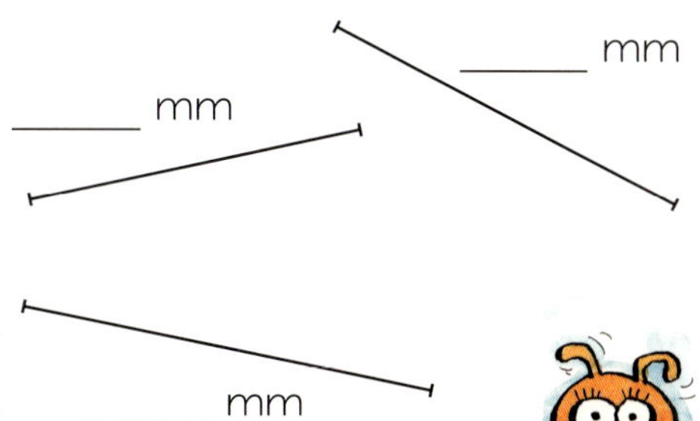

4. Nimm die Hälfte von 238 und vervierfache dann das Ergebnis. Wie heißt die Zahl?

A.: ____

____

① a) Wie berechne ich den Umfang eines Quadrates?

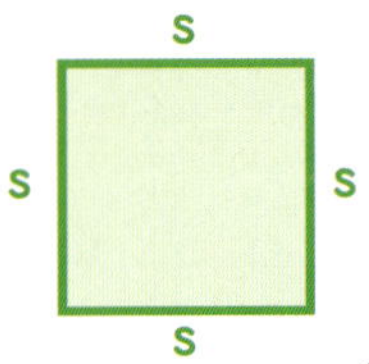

s = 30 cm
u = ______

1. Lösungsweg: 30 + ☐ + ☐ + ☐ → u ☐

2. Lösungsweg: ☐ · 4 → u ☐

b) Berechne jeweils den Umfang!

s = 15 m | s = 37 cm | s = 89 mm

u = ______ | u = ______ | u = ______

② Sudoku

	3	4	
2			
			1

③ Trage in den Umwandlungsraster ein und entdecke die einzelnen Maße!

	m	dm	cm	mm	
25 cm →					= ______
87 dm →					= ______
206 mm →					= ______
410 cm →					= ______
36 mm →					= ______
793 cm →					= ______

④ Wolfgang ist 145 cm groß. Susi ist um 48 cm kleiner als Wolfgang und Camillo um 18 cm größer als Susi.
Um wie viel cm ist Wolfgang größer als Camillo?

A.: ______________________

____

1. a) Berechne den Umfang folgender Gärten und ordne die Ergebnisse der Größe nach!

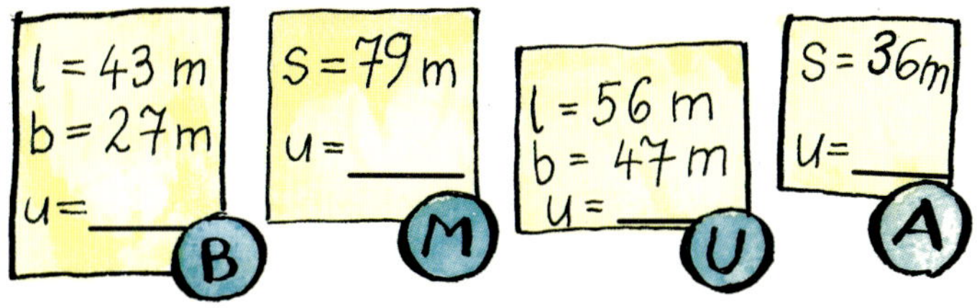

Lösungwort: ___ ___ ___ ___

b) Wie viele Rasterquadrate haben die Rechtecke und Quadrate?

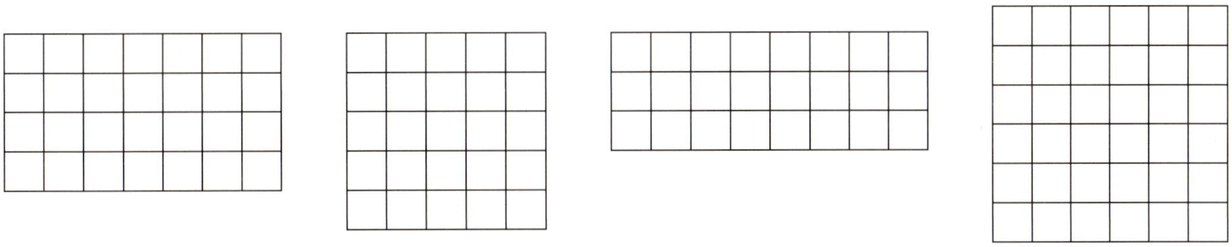

________ ________ ________ ________

2. Zahlengitter: Trage die folgenden Zahlen richtig in das Gitter ein!

1527688832, 12144, 91313,
4370966731, 1438567291

	5				5				5	
10					5					
					3					
10					6					
					7					
10					9					

3. a) Wandle um!

4 m = ______ dm
300 mm = ______ cm
2 m = ______ cm
1 dm 9 cm = ______ cm

b) Rechne und wandle das Ergebnis in die einzelnen Maße um!

25 cm + 38 cm + 19 cm = ______ cm → ___ dm ___ cm
97 mm – 64 mm + 53 mm = __________ → __________
51 dm + 7 dm + 36 dm = __________ → __________

4. Matthias hat einen Schulweg von 1 Kilometer. Nach 368 m trifft er immer seine Freundin Lilly. Wie viele m gehen sie zusammen?

A.: ________________________________

1. Berechne den Umfang! Wandle zuerst in das kleinste Maß um!
Mach in das jeweilige Kästchen mit dem Geo-Dreieck eine genaue Zeichnung!

a) l = 4 cm 3 mm
b = 17 mm
u = ________

b) s = 2 cm 4 mm
u = ________

2. Zahlen-Suchsel
Finde die folgenden Zahlen:
35431, 60074
13409, 61334
89034, 90345

7	6	1	5	0	9	1	7	6	3
2	1	5	7	8	0	1	3	0	9
7	3	5	4	3	1	9	8	0	1
1	3	2	4	8	9	0	6	7	4
5	4	1	0	9	7	3	5	4	5
4	2	7	8	1	3	4	0	9	2
3	7	4	2	2	0	5	2	1	6
8	9	0	3	4	2	7	4	3	0

3. a) Ergänze auf 1 m!

320 mm + ________ = 1 m
73 cm + ________ = 1 m
557 mm + ________ = 1 m
36 cm + ________ = 1 m
408 mm + ________ = 1 m

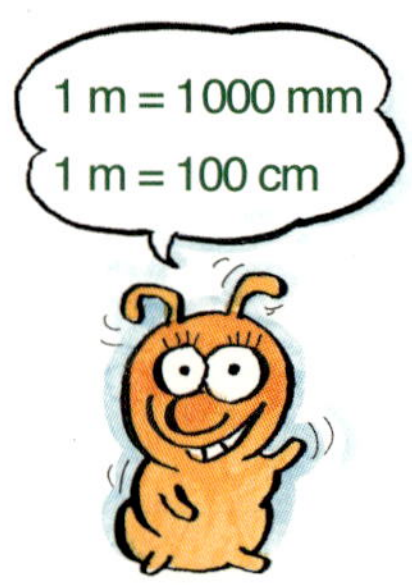

b) Rechne von 1 m weg!

1 m – 209 mm = ________
1 m – 24 cm = ________
1 m – 737 mm = ________
1 m – 48 cm = ________
1 m – 560 mm = ________

4. Bauer Herwig möchte sein Grundstück neu einzäunen.
Es ist 121 m lang und 87 m breit. Für das 3 m breite Einfahrtstor benötigt er keinen Zaun.
Wie viel Zaun muss er kaufen?

A.: ________________________________
____

(1.) Setze <, > oder = ein!

3 m ◯ 300 cm
400 cm ◯ 250 cm
8 m ◯ 80 cm
520 cm ◯ 5 m

70 dm ◯ 7 m 1 dm
2 m ◯ 20 dm
6 m ◯ 60 dm 0 cm
5 cm ◯ 5 dm

(2.) Verbinde die Ergebnisse der 4er-Reihe der Reihe nach!

(3.) Verbinde die Punkte so, dass ein Quader und ein Würfel entstehen!

(4.) Eine 2 m 8 cm lange Schnur soll in 8 gleich große Stücke geschnitten werden.
Wie lang ist ein Stück?

A.: ______________________________
____

1. Addiere und ordne die Ergebnisse der Größe nach!
Beginne mit dem größten!

428	216	555	387	127
309	690	371	99	403
___ R	___ N	___ A	___ D	___ N
642	202	438	190	718
107	380	329	309	103
83 S	76 A	233 S	299 T	27 D
___	___	___	___	___

Lösungswort: __ __ __ __ __ __ __ __ __ __

2. Sudoku

	1		
			2
1	4		
		4	

3. Trage die fehlenden Uhrzeiten und die fehlenden Uhrzeiger ein!

___	___	7.05 Uhr	___	___
___	20.55 Uhr	___	___	23.20 Uhr

4. Nico fährt täglich mit dem Bus in die Schule. Wenn kein Kind krank ist, sitzen im Bus schon 11 Kinder. Bei Nicos Haltestelle steigen mit Nico auch 4 andere Kinder ein und später nochmals fünf Kinder.
Wie viele Kinder sitzen dann im Bus?

A.: ______________________

____

1. Schreib die Zahlen richtig untereinander und subtrahiere schriftlich!
Male die Ergebniszahlen an! 3 Ergebniszahlen bleiben übrig.

8H 9Z 4E	1H 9Z 3E	9H 0Z 6E	1T 0H 0Z 0E	6H 7Z 5E	7H 2Z 4E
3H 4Z 1E	1H 6Z 6E	5H 8Z 2E	8H 9Z 7E	2H 6Z 1E	1H 8Z 8E

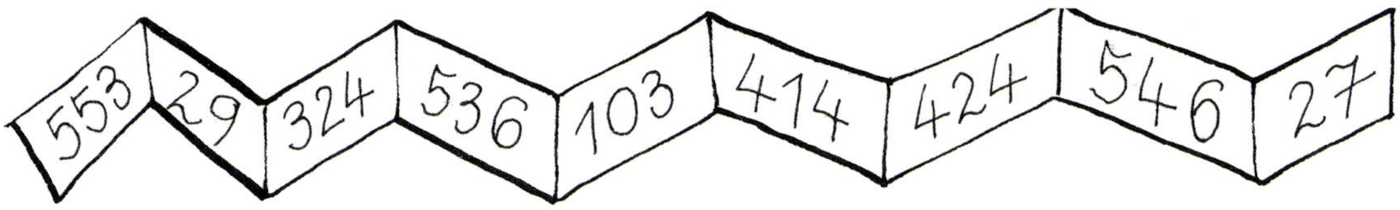

2. Additionspyramide:
Rechne 2 nebeneinanderstehende Zahlen zusammen und schreib das Ergebnis in das Kästchen darüber!

3. Zeichne mit dem Geo-Dreieck zu jeder Geraden 2 parallele Geraden, die durch die vorgegebenen Punkte führen!

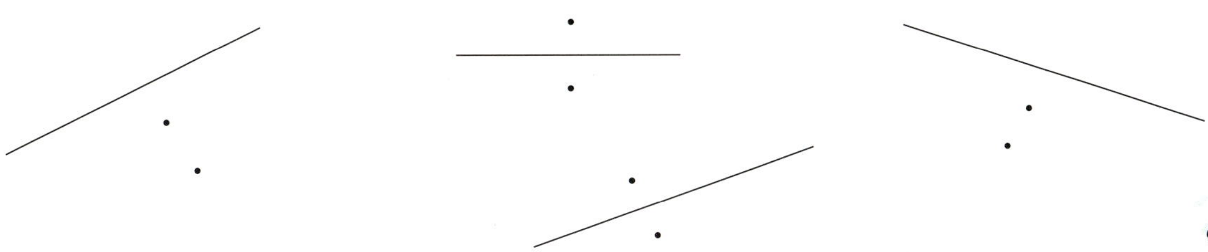

4. Eine Zahl hat 7 Hunderter, um 2 Zehner weniger als Hunderter und um 3 Einer mehr als Zehner.
Wie heißt die Zahl?

A.: ______________________________

____

1. Multipliziere und zähle die Ziffern der Ergebnisse zusammen!
Male das jeweilige Kästchen mit der passenden Ziffernsumme an!
(Die Ziffernsumme zählt nicht zur kleinsten Zahl.) 5 Ziffernsummen bleiben übrig.

$87 \cdot 9$ ______

$408 \cdot 2$ ______

$316 \cdot 3$ ______

$165 \cdot 5$ ______

$247 \cdot 4$ ______

$105 \cdot 8$ ______

2. Logische Zahlenreihe: Für welche Zahl steht das Fragezeichen?

______

3. Berechne den Umfang!
Mach in das jeweilige Kästchen mit dem Geo-Dreieck eine genaue Zeichnung!

a) l = 6 cm 5 mm
b = 4 cm
u = ______ cm

b) s = 19 mm
u = ______

4. Patricia, Stefan und Lisa wollen wissen, wer von ihnen am schnellsten rechnet. Sie haben alle drei das gleiche Arbeitsblatt und stoppen die Zeit.

	Beginn	Ende	Dauer
Patricia	17.25 Uhr	17.48 Uhr	
Stefan	18.01 Uhr	18.23 Uhr	
Lisa	18.32 Uhr	18.57 Uhr	

Wer kann am schnellsten rechnen?

A.: ______________________________
____

(1.) Schriftliches Dividieren mit und ohne Rest: Male die Ergebnisse in den Flossen an!
1 Flosse bleibt übrig.

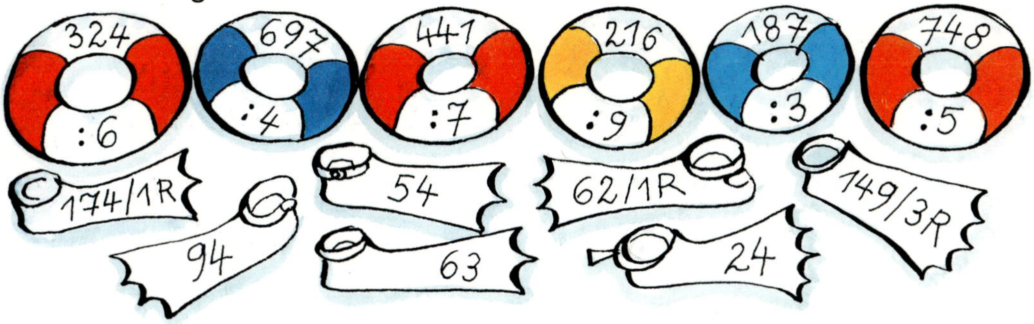

(2.) Rätsel: Finde die 7 versteckten Wörter!

H	A	L	O	N	F	N	B	I	A
I	R	F	F	E	R	I	E	N	I
T	V	G	H	J	E	L	E	X	K
Z	T	G	E	W	I	T	T	E	R
E	E	A	T	C	B	N	O	T	O
I	X	N	S	R	A	D	I	O	E
E	I	S	D	E	D	P	V	U	M

① F _ _ _ _ _
② F _ _ _ _ _ _ _
③ H _ _ _ _
④ G _ _ _ _ _ _ _
⑤ E _ _
⑥ B _ _ _
⑦ R _ _ _ _

(3.) Schau genau! Wie viel Gramm fehlen in jedem Koffer?

______

______

______

(4.) Marias Eltern wiegen zusammen 141 kg.
Ihr Vater hat 83 kg.
Wie schwer ist Marias Mutter?

A.: ______________________________

____

1. Addiere und male die Ergebnisse der ersten Reihe ▬ und der zweiten Reihe ▬ an!

346	407	358	223
219	193	504	198
519	321	652	436
342	454	97	256

2. Verbinde die Ergebniszahlen der 3er-Reihe der Reihe nach!

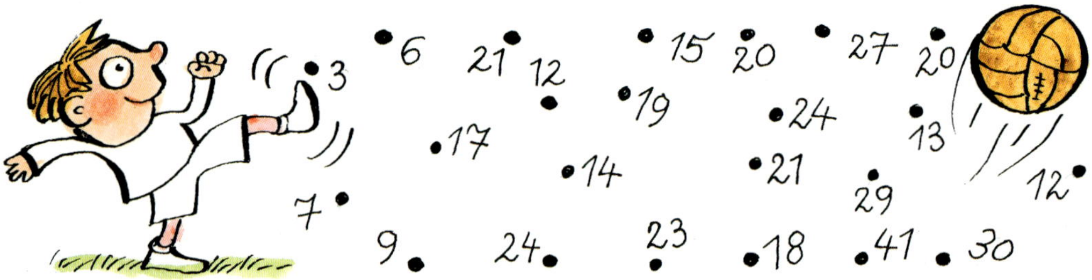

3. Berechne den Umfang folgender Schwimmteiche und ordne die Ergebnisse der Größe nach!

M: l = 12 m, b = 4 m, u = ______

R: l = 35 m, b = 12 m, u = ______

E: s = 22 m, u = ______

E: s = 17 m, u = ______

Lösungswort: __ __ __ __

4. Zahl gesucht!
Addiere zu 146 das Doppelte von 378!
Zieh nun vom Ergebnis 898 ab und teile dann durch 2!
Wie heißt die gesuchte Zahl?

A.: ______________________________

____

1. Subtrahiere und mach die Probe!

2. Größer oder kleiner?
Setze die Zahlen 3 und 4 richtig in die leeren Kästchen ein!

	<		<	5	=	5
∧		∨		∨		∨
4	>		=		<	

3. Gewichtsmaße:

a) Wandle in g um!

2 dag 1 g = ________

7 dag 9 g = ________

4 dag 7 g = ________

9 dag 1 g = ________

b) Setze <, > oder = ein!

300 dag ◯ 3 kg

7 kg ◯ 70 dag

500 g ◯ 1 kg

2 000 g ◯ 2 kg

4. Nora kauft 150 g Schinken, 200 g Salami, 100 g Extrawurst und 100 g Käse. Wie viel kauft sie insgesamt?

A.: ________________________________

____

1. Multipliziere und male das Ergebnis in der angegebenen Farbe an!

314 · 3 ______ (grün)

236 · 4 ______ (gelb)

108 · 9 ______ (orange)

247 · 4 ______ (blau)

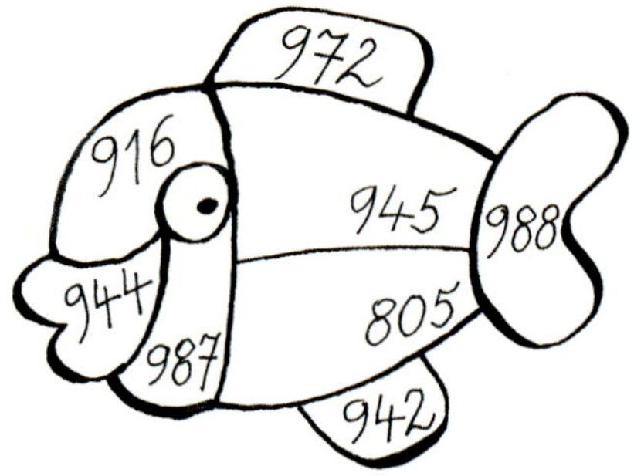

115 · 7 ______ (orange)

458 · 2 ______ (gelb)

329 · 3 ______ (rosa)

135 · 7 ______ (blau)

2. Rätsel: Addiere die Rückseiten der Würfel!

Wie heißt das Ergebnis? ______

3. Rechne mit h, min und s!

18 min + ______ = 1 h

35 min + ______ = 1 h

1 h – ______ = 58 min

♛ 2 h – 46 min = ______

48 s + ______ = 1 min

29 s + ______ = 1 min

1 min – ______ = 53 s

♛ 2 min – 83 s = ______

4. Der Schwimmkurs von Jakob kostet für ein halbes Jahr 282 €.
Wie viel muss Jakobs Mutter jeden Monat einzahlen?

A.: ______________________________

____

1.) Dividiere und male die Ergebnisse an! 1 Ergebnis bleibt übrig.

2.) Sudoku

		2	4
			3
	4		

4			
		2	
	3		
			1

3.) Zeichne folgende Strecken:

4 cm 3 mm	2 cm 5 mm	7 cm 6 mm	65 mm	30 mm	58 mm

4.) Peters Schulweg ist 420 m lang.
Wie viele Meter (hin und zurück) geht er täglich?

A.: ______________________________

____

1. Ergänze zu symmetrischen Figuren!

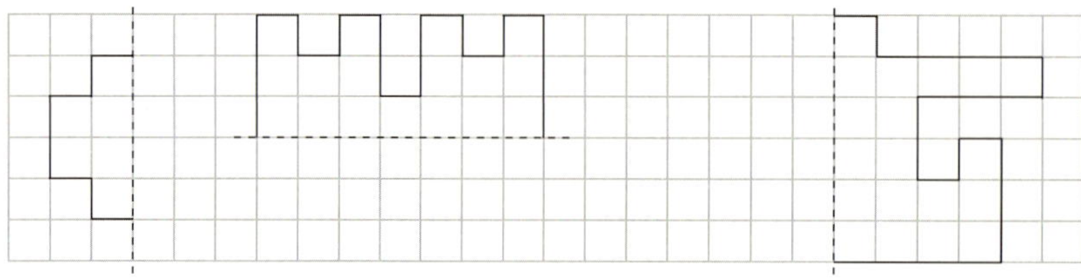

2. Zeichne nur die Symmetrieachsen farbig nach!

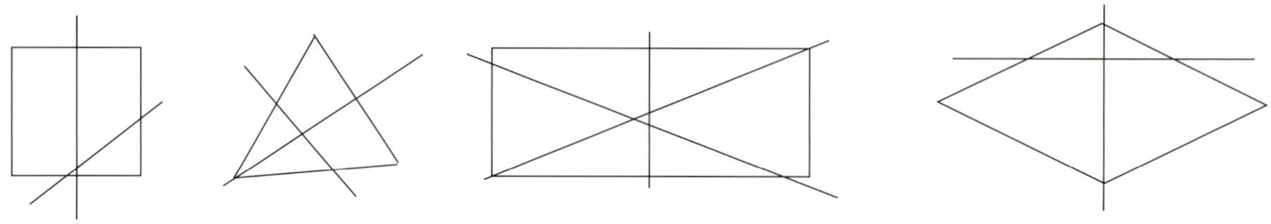

9 A	26 B	18 C	1 D	21 E	7 F	13 G	3 H	24 I	11 J	22 K
5 L	28 M	16 N	19 O	4 P	14 Qu	27 R	6 S	2 T	8 U	30 V
10 W	25 X	20 Y	17 Z	29 Ä	12 Ü	32 Ö	23 .	15 !	31 ?	
35 1	39 2	38 3	33 4	36 5	41 6	34 7	40 8	37 9		

Seite	1	2	3	4	5	6	7	8	9	10	11	12	13	14	15	16	17	18	19	20	21	22	23	24
Buchstabe																		.						

Seite	25	26	27	28	29	30	31	32	33	34	35	36	37	38	39
Buchstabe